STEAM EDUCATION SERIES

융합교육 시리즈 2

수학에서 느끼는 삶의 지혜

안대영 엮음

교우사

KYOWOOSA

머리말

수학식이 없는 그곳으로 떠나고 싶다. 그곳엔 기쁨이 많을까? 기쁨은 어디에서 오는가? 자신의 만족감에서 오는 것은 아닐까? 또한 타인에게 베푼 기쁨의 양과 비례하지 않을까? 수학은 우리에게 어떤 기쁨을 주는가? 수학이 베푸는 즐거움은 무엇일까? 수학에게 베푼 즐거움은 무엇이 있나? 수학이 갖는 즐거움과 수학이 아닌 다른 세상의 만남에서 즐거움은 오는 것이 아닐까? 수학이 아닌 세상 나의 감정이 살아 있는 곳에서 즐거움은 오지 않을까?

감정을 제거해야 하는 수학이란 공간에 생명의 꿈틀거림을 함께 하고 싶었다. 수학에 생명을 넣고 싶었다. 감정을 중요하게 생각하지 않는 것은 불행이다. 살아 있음을 느끼지 못하게 하는 것이다. 수학에서 벗어나 나를 억누르는 공식이 없는 곳에 잠시나마 있도록 하였다. 나를 질식 시키는 공식 앞에서 나를 해방하고 싶었다.

수학은 폭력적이다. 수학을 불편하게 느끼는 사람들에게는 많은 상처를 준다. 수학이 없었다면 충분히 칭찬받는 세상에서 살 수 있었을 텐데. 아무리 수학을 잘해도 부족함을 느끼고 결국에는 자신의 한계를 느낀다.

따뜻한 햇볕처럼 수학의 단단함을 녹이게 하는 그런 수학은 있음을 알리고 싶었다. 수학은 공포를 주려고 하는 것은 아닌데 수학의 아름다움을 느끼지 못하고 억압받는 느낌을 간직한다. 자신의 모습이 긍정적이어야 기쁨을 느낀다. 수학은 자신의 모습에 대한 부족함을 느끼게 한다. 자신을 부정하게 한다.

인간은 감성적이면서 이성적이다. 모두가 소중하다. 감정을 긍정하는 지혜로운 이성적 사고가 필요하다. 우리가 수학을 만났을 때 수학을 통해 자신이 성장하고 있는 느낌을 가지는 것이 기쁨이다. 우리가 수학을 만났을 때 불편함이 있다면 슬픔이다. 기쁨도 슬픔도 없이 수학을 한다는 것은 더 큰 슬픔이다. 인간은 사랑의 감정을 통해서 자신의 완전함을 느끼려 한다. 수학은 감정보다 차가운 이성을 강조한다. 수학을 통해 생명의 빛을 느끼게 하고 싶다. 영혼이 새로움을 느끼게 하고 싶다.

수학을 만나서 기쁨을 누린다면 우리는 수학과 함께하는 삶을 꿈꾸도록 노력할 것이다.

수학을 만나서 슬픔을 느낀다면 언젠가는 수학이 나를 떠나던지 내가 수학을 떠나야한다.

한 때는 수학이 기쁨으로 다가 온 적이 있을 것이다. 시간이 흐르면서 서로에게 아픔이 되고 고통의 관계로 발전한다.

사랑은 죽음의 공포보다도 강하다고 한다. 수학에 대한 강렬한 사랑을 느껴보았다. 그 느낌을 전하고 싶다.

사람들은 수학적으로 살아가지 않는다. 수학을 배우고 논리적으로 살아가는 것이 무척 자랑스럽다고 이야기 한다. 논리적이고 합리적인 사고는 자신 원하는 생각보다는 우리가 원하는 생각이다. 스스로의 감정을 억압하고 타인의 시선을 더 강하게 느끼는 마음을 수학은 강요한다. 수학의 중심에 자신이 있어야 한다. 주위에 이웃이 있어야 한다. 나의 감성과 이성의 세계를 더 넓혀 나가는 곳에 내가 서 있어야 한다. 입시를 위할 뿐 아니라 나를 위해서 수학이 자리해야 한다. 나에게 기쁨으로 다가오는 수학 때문에 새벽이면 수학을 만나기 위해 일어난다. 수학에 대해 당당한 주체로 나아가도록 해야 한다. 아름다움과 감동이 있는 수학의 세계가 있음을 알리고 싶다.

우리의 감정을 부정하는 불쾌한 수학에서 새로운 아름다운 세계를 알리고 싶다. 수학을 통해 삶의 기쁨이 꺽이는 곳에서 잠시 발걸음 멈추고 수학으로 자신을 바라보기 바란다. 수학이 기쁨으로 다가오기를 바란다.

수학으로 세상에 기쁨으로 나아가자.

삶은 축제이어야 하니까…

이 책은 4개의 부분으로 되어 있습니다. 1부, 2부, 3부는 과학고등학교에서 수업을 하면서 수학을 통해서 자신의 전공, 삶과 관련지어 학생들이 쓴 글입니다. 4부는 청주시 교육지원청에서 프랙탈과 카오스를 수업하면서 학생들이 수업에 대한 느낌을 쓴 글입이다.

충북과학고등학교 학생들과 청주시 교육청에서 운영한 고급수학에 참여한 학생들에게 감사드립니다. 교정에 도움을 주신 장민주, 안지현 님에게 고마움을 전합니다. 이 책이 세상을 향해 한 걸음 나아갈 수 있도록 도와주신 오판근 사장님을 비롯한 임직원 여러분의 수고에 깊이 감사드립니다.

엮은이 안대영

차 례

PART 3

초기치의 민감성으로 나의 한계를 넘어서다

PART 4

프랙탈과 카오스로 세상과 소통하다

매일 매일 왜 그렇게 수학을 하는가?
수학을 잘하면 행복할까?
그럴수도 있겠지

수학을 못하면 불행할까?
그럴 수도 있겠지
아닐 수도 있겠지

세상은 정해진 것이 아니라
유리수처럼

선택하는 것이지
때로는 무리수를

유리수와 무리수에서
자신을 찾다

PART 1

01
유리수가 있어 무리수가 존재하고 무리수가 있어 유리수가 존재한다 _도하림

실수에는 유리수와 무리수가 있다. 유리수는 분수로 나타낼 수 있는 수를 의미한다. 소수로 나타내면 일정한 패턴을 반복한다. '어떤 분수를 소수로 나타냈을 때 소수점 몇 번째의 수는 무엇인가?'라는 문제는 이미 중학교 1학년 때 풀 수 있었다. 그만큼 유리수는 예측할 수 있는 수이다. 반면에 무리수는 분수로 나타낼 수 없는 수를 의미한다. 'π의 소수점 몇 번째 수는 무엇인가?'라는 문제는 내가 고등학교 1학년 때도 풀 수 없었다. 그만큼 무리수는 예측할 수 없는 수이다. '예측할 수 없다'와 '예측할 수 있다'는 상반된다. 그를 반증하듯이 그 둘의 교집합은 공집합이다. 즉, 어떤 수도 유리수와 무리수에 동시에 속해있을 수 없다.

나의 전공은 물리이다. 물리에 관련된 책을 훑어보면 놀라움을 금할 수 없다. 도저히 설명할 수 없을 것만 같은 물체의 운동이나 그 성질 등을 놀라우리만큼 간단하게 수식으로 나타낸다. 이런 말이 있다. "태초에 하나님이 천지를 창조하셨다. 그리고 하나님은 우리에게 뉴턴을 보내셨다. 뉴턴이 나타난 후 우리는 신에게 가까이 가게 되었다." 그 정도로 뉴턴의 법칙들은 흡사 우리를 신으로 만들어 준 듯하다. 사람들은 이 세상 모든 현상들을 수식으로 만들 수 있을 것이라고 믿었고, 심지어 뉴턴이 나타난 이후론 과학만능주의가 성행했다. 뉴턴의 법칙에 의해 '어떤 물체를 일정한 힘으로 밀었을 때 얼마나 움직이는가?'라는 비교적 간단한(?) 문제를 풀 수 있음은 물론이요, '당신이 신이라고 가정하자. 우주를 창조해보아라.' 같은 이상한 문제까지도 풀 수 있게 되었다. 우리는 물리의 거시세계를 어느 정도 예측할 수 있다. 뿐만 아니라 우리는 지구과학에서의 일주운동, 연주운동, 별들의 움직임 등을 예측할 수 있다. 이 세상은 모두 예측할 수 있으며, 유리수이다.

하지만 과학자들은 큰 것은 증명하면서도 작은 것은 증명할 수 없었다. 브라운 운동, 양자역학 등이 대표적이다. 역시 지구과학에서는 재앙(예를 들면 최근 일본의 대지진)을 예측할 수 없었다. 이를 통해 사람들은 세상의 모든 법칙을 설명할 수 없다는 것을 서서히 깨닫게 되었다. 결국 '불확정성의 원리'가 발표되기까지에 이르렀다. 사람들은 그 사실을 오랜 시간 받아들이기 힘들어했다. 하지만 사람들은 증명할 수 없는 것을 인정하기 시작했고 그것을 '공리'라고 부른다. 현재는 어떤 수학책이든 맨 첫 장에 집합을 소개하며 공리를 알게 모르게 인정한다.

'공집합은 모든 집합의 부분집합이다.'

자연수는 정수라는 집합에 대등하고 유리수라는 집합에 대등하다. 하지만 유리수는 무리수라는 집합에 대등하지 않다. 무리수가 조금 더 넓은 집합이라고 볼 수 있다. 그것을 어떻게 증명할 수 있을까? '증명할 수 없다.'가 답이다. 더 정확하게 말하면 '증명할 수 없는 것을 증명'했다. 실상 우리가 예측할 수 있는 것은 얼마 되지 않는다. 내일 나올 급식, 내일 있을 수업을 식단표나, 시간표 등을 통해 예측할 수 있다고 생각할 수 있다. 그러나 내일 나올 반찬의 맛에 대해 전혀 예측할 수 없고, 선생님이 어떤 방식으로 수업을 진행할지, 수업이 재미있을지 없을지는 전혀 예측할 수 없다. 이처럼 간단하게 예측할 수 있는 것처럼 보여도 깊이 들어가 보면 전혀 예측할 수 없다는 것을 쉽게 깨달을 수 있다.

하지만 수직선을 유리수 혹은 무리수만으로 채울 수 없듯이 유리수와 무리수, 그 둘의 조화를 통해 우리의 인생을 채우는 것이 아닐까? 식단표가 없는 식단을 상상할 수 없고 시간표가 없는 학교를 상상할 수 없듯이 말이다. 결국 유리수가 있기에 무리수가 있고 무리수가 있기에 유리수가 존재한다.

02
인간의 한계, 예측할 수 없는 미래 _양세린

'우리는 역사 속에서 산다.'

역사 속에서 산다는 것은 무엇일까. 우리는 현재를 살아간다. 하지만 방금 지나간 이 시간이 곧 과거이고 역사이다. 지금 다가오고 있는 미래도 곧 현재가 되고 현재는 곧 과거가 된다. 따라서 우리는 미래를 걷고 있고 동시에 현재를 걷고 있으며 과거를 걷고 있다. 미래는 예상할 수 없지만 우리가 이미 걸어온 과거는 알 수 있다.

수학에서의 유리수와 무리수를 살펴보자. 유리수와 무리수, 그것을 나누는 기준은 예측 가능성이다. 예측 할 수 있는지 없는 지로 유리수와 무리수를 구분한다. 나는 여기서 예측가능성이라는 이름하에 미래라는 것을 알아보려고 한다.

미래, 앞으로 올 것을 칭하는 말로서 어떠한 일이 일어날지 알 수 없다. 우리는 보통 미래를 예측 할 수 없다고 생각한다. 미래를 예측 할 수 없기에 미래를 예측하는 일을 신의 영역이라 여기고 그를 쫓기 위해 타로와 점과 같은 것으로써 미래를 예측하려 한다. 예전부터 미래와 과거를 넘나드는 타임머신이라는 기계를 만들기 위해서 노력해 왔고 지금도 이론상으로는 빛의 속도보다 더 빠른 속도로 달리게 된다면 시간 이동을 할 수 있다고 말하고 있다. 그러나 타임머신이 실질적으로 만들어져 세상에 알려진 것은 없다.

우리는 이것을 한계라 말한다. 인간이 예측 할 수 없다는 것, 할 수 없는 일에 대한 모든 것을 인간의 한계라고 정한다. 따라서 미래를 예측하는 일은 아직까지 한계이다. 유리수와 무리수 중 무리수는 끝을 알지 못하기에 인간이 계산할 수 없는 것이다. 이를 대입하자면 무리수는 아직까지 파악하지 못한 인간의 한계의 일부분이라고 할 수 있지 않을까?

03
무질서는 곧 질서이다 _이현주

유리수라 하면 떠오르는 단어들을 나열해 보자. 질서, 규칙, 예측가능… 이번에는 무리수라 하면 떠오르는 단어들을 나열해 보자. 무질서, 불규칙, 예측불가능… 이 중 가장 먼저 떠오른 두 단어, 질서와 무질서에 대해 생각해 볼 것이다.

질서와 무질서. 이 둘은 서로 반대되는 개념이다. 절대로 공존할 수 없을 것만 같다. 그러나 사실 이 둘은 언제 어디서나, 늘 함께하고 있다.

분자는 무질서한 운동을 계속하고 있다. 어느 방향으로 움직일지 예측할 수 없는 무질서한 운동을 끊임없이 한다. 비록 우리는 분자 하나하나가 어떻게 움직일 지는 예측할 수 없을 지라도, 분자들이 반응했을 때 어떤 물질이 얼마만큼 나오는지는 알 수 있다.

우리가 살고 있는 우주는 일정한 법칙에 의해 돌아가고 있다. 행성의 주기를 앎으로써 공전 궤도의 궤도장반경을 알 수 있다. 또한, 별의 연주 시차를 통해 별까지의 거리를 계산할 수 있다. 이렇게 직접 보지 않고도 이를 알 수 있듯이 우주는 정형화된 규칙 속에서 돌아가는 것처럼 보인다. 하지만 이러한 규칙적인 틀 속에도 사실은 엄청난 혼란이 숨어있다. 현대 물리학의 핵심이라 할 수 있는 양자 역학과 상대성이론을 블랙홀이라는 상자 속에 함께 넣어 버리면 무한대의 확률이 출력되어 버린다. 0과 1 사이에만 있어야 하는 확률이 어떻게 무한대가 나올 수 있단 말인가?

100년 뒤 해수면의 높이를 예측하고 있지만, 정작 당장 내일의 날씨도 예측하지 못한다. 몇 십 년 또는 몇 년 내의 소행성 충돌은 예측하지만, 고작 1시간을 앞둔 지진은 예측하지 못한다. 이는 우리가 사는 곳에서 유리수와 무리수가 공존한다는 것을 잘 보여준다.

이렇게 여러 경우에서 볼 수 있듯이, 무질서 가운데에서도 질서를 찾아볼 수 있고, 질서의 틈에서도 무질서가 튀어 나오기도 한다. 질서와 무질서, 이 둘은 떼려야 뗄 수 없는 관계이고, 다양한 방면에서 공존한다. 질서와 무질서, 유리수와 무리수는 함께 있을 때 더욱 서로를 빛내 준다.

04
'수' 안의 나 _김건우

수학은 우리 삶에 뼈 속 깊이 자리 잡고 있다. 가령, 물건을 사고 팔 때 판매자와 소비자 사이에서 이루어지는 '계산'에도 수학이 있고, 자동차가 전진할 때 일어나는 여러 가지 물리적인 현상에도 수학이 있다. 또한 컴퓨터에서도 0과 1이라는 '숫자(여기에서는 명령어)'가 있기에 지금 필자가 이 글을 쓸 수 있는 게 아닌가 싶다.

그렇다면 앞에서 언급한 유리수와 무리수는 우리 삶에서 어떻게 이용되고 있을까?

유리수는 '예상 가능한 수'라고 의역할 수 있다. 장유유서(長幼有序)라는 말이 있다. 즉 사람(어른)과 사람(아이)사이에는 '질서'가 있어야 한다는 말이다. 질서는 하나의 사회적 규약이다. 그에 따라 사람들은 어떤 일이 있을 때에 그 일의 순서, 즉 질서를 생각하고 앞서 예측할 수 있다. 그래서 질서를 유리수라고 할 수 있다.

필자의 전공은 생물(biology)이다. 생물과 학생에게는 '법칙'이라는 단어가 생소할 수 있다. 생물에서 법칙이라고 해 봤자 유전에 관련된 법칙들. 예를 들어, '하디-바인베르크 법칙', '멘델의 유전법칙 : 우열의 법칙, 분리의 법칙, 독립의 법칙' 등이 전부이다. 그러나 이처럼 모든 과목에서 '법칙'이란 단어가 생소한 것은 당연히 아니다. 화학이나 물리, 수학, 지구과학에서 심지어 사회 과목에서도 '법칙'이란 단어가 많이 나온다. '법칙'은 어떠한 변화에서도 바뀌지 않는 진리라고 할 수 있다. 그러므로 '법칙' 또한 유리수라고 할 수 있다.

반대로 무리수는 '예상 불가능한 수'라고 의역할 수 있다. 우리의 삶에는 무리수가 더 많을 것 같다. 지금 당장 눈에는 보이지 않지만 자세히 들여다보면 자기들끼리 부딪치면서 놀고 있는 미시세계의 분자운동, 주가가 오르기를 바라며 발을 동동 구르고 있는 직장인의 머릿속, 얼마 전 일본을 강타한 대지진, 즉 자연재해 또한 예측 할 수 없는 일이다. 그리고 생물학회에서도 결론을 내리지 못한 '진화'에 대한 것들도 무리수에 속한다.

앞으로의 미래, 100년이 채 되지 않을 우리들의 인생도 예측할 수 없다. 그래서 인간을 다음과 같이 정의 내리고 싶다. '한정된 범위 내에서는 유리수를 볼 수 있지만, 무리수와 같이 예측을 할 수 없는 삶을 살고 있는 것이 인간이다.'

이렇게 우리는 유리수와 무리수라는 '수' 안에서 살아가고 있다. '수'를 어떻게 사용함에 따라 우리의 인생이 달라질 수 있다고 믿는다.

05

장미는 가시가 있다. 그러나 아름답다 _이창석

이 글을 쓰기 약 3시간 전 교통사고를 목격했다. 그 사람은 자신의 사고를 예측할 수 있었을까? 그리고 나, '이창석'이라는 사람이 그 사고를 지켜볼 것이라는 것을 예측할 수 있었을까? 그리고 당신은 이 글을 읽으면서 교통사고를 목격했다고 한 나의 거짓말을 예측할 수 있었을까? 이렇게 예측할 수 없는 것을 그러한 특징을 가진 수체계인 무리수와 연관지어 보려고 한다.

무리수를 예측할 수 없다고 하는 이유는 소수점 아래 수들이 예측할 수 없이 불규칙하게 나열된다는 것과 관련되어 있다. 반면 유리수는 예측할 수 있다. 유리수의 정의가 두 정수 a와 $b(b\neq0)$를 $\frac{a}{b}$의 꼴로 나타낸 수라는 것에서 그 이유를 찾을 수 있다. 분수의 꼴을 소수로 변환하면 소수점 아래의 숫자들은 순환마디를 갖거나 유한하다. 따라서 유리수는 예측이 가능하고, 무리수는 예측이 불가능하다고 말하는 것이다.

이러한 두 수체계의 특징을 우리의 삶, 자연현상에서도 찾아 볼 수 있다. 우선 유리수와 같은 것. 즉, 예측할 수 있는 것으로는 역학을 예로들 수 있다. 우리는 물리 수업시간에 포물선 운동 문제가 나오면 먼저 어떻게 운동할 지 예측하게 된다. 포물선 운동 뿐만 아니라 원운동 단진동 운동 진자운동 등에서도 우리는 그 경로나 주기 등을 예측할 수 있다. 그리고 연필깎이마다 다르겠지만 난 나의 연필깎이가 연필을 어떤 앏기로 깎을지 예측할 수 있다.

그러나 이 두 예는 유리수가 아니라 무리수에 해당할 지도 모른다. 예측할 수 없을지도 모른다는 뜻이다. 극단적인 예를 들어보자. 만일 공을 포물선운동을 하게끔 비스듬히 던졌다고 가정하자. 그 공이 운동하던 중 지나가던 새가 투척한 똥에 맞고 떨어졌다고 한다면…? 연필을 깎다가 손잡이가 부러져서 더 이상 깎을 수 없는 상태가 된다면…? 우리는 이러한 일이 일어날 것이라고 예측할 수 있었을까? 따지고 보면 모든 현상은 예측할 수 없는 것일 지도 모르겠다.

이제 과연 예측을 한다는 것이 어떤 의의를 갖는 지 생각해 보자. 사람들은 모든 것을 예측하기 위해 과학을 연구했고 발전시켜왔다. 만일 모든 것이 처음부터 예측할 수 있었다면 사람들은 발전을 위해 노력하지 않았을 것이고 나태해 졌을 것이다. 무리수를 유리수로 바꾸려는 사람들의 욕망 덕분에 지금의 과학, 발전이 있는 것이라고 나는 생각한다.

06
셀 수 있는가 _백승주

실수는 두 가지로 나뉜다. 유리수(有理數)와 무리수(無理數). 유리수는 정수 a와 0이 아닌 정수 b가 있을 때 $\frac{a}{b}$의 꼴로 나타나는 수이고, 무리수는 실수 중에서 유리수가 아닌 것을 말한다. 즉 $\frac{a}{b}$로 나타낼 수 없다. 이름 그대로 보자면 유리수는 '셀 수 있는 수'라고 하며, 무리수는 '셀 수 없는 수'이다. '셀 수 있다'는 것은, 유리수는 셀 수 있기 때문에 다음의 수를 예측할 수 있다는 것을 뜻한다. 그러나 무리수는 셀 수 없기 때문에 예측도 불가능하다.

주변을 둘러보자. 나의 가까운 곳에 있는 것들은 유리수일까 무리수일까. 가장 가까운 나를 먼저 보자. 나는 나의 행동을 예측할 수 있다. 내가 나를 예측하는 이유는 내가 생각하기 때문이고 내 생각은 당연히 내가 알 수 있다. 그러면 나는 유리수라고 할 수 있다. 그렇지만 내가 생각을 읽을 수 없는 다른 모든 사람들과, 나의 생각대로 움직이지 않는 다른 물체들은 모두 예측할 수 없으므로 무리수일지도 모른다. 그렇다면 결론적으로 세상의 유리수는 나 하나인 것 같다. 그러면 나는 혼자일까?

그럴지도 모르지만 얼핏 보기에 예측할 수 있는 것들은 많다. 기상예보를 보면 서 비가 올 내일을 위한 우산을 챙긴다. 시간표를 보고 책을 챙기고, 스케줄을 보고 일정을 확인한다. 언뜻 유리수처럼 보인다. 그러나 이 유리수들에 작용하고 있는 셀 수 없는 변수들은 이 값을 바꾸려 하고 있고 무리수로 변하도록 작용하고 있다. 앞서 유일하게 유리수라고 정해놓은 '나'도 나의 생각을 정확히 읽을 수 있을까 궁금해진다. 유리수처럼 보이지만 무리수일수도 있는 것이다.

화학에서는 아보가드로 수라는 이름으로 6.02×10^{23}이라는 수를 사용한다. 유리수처럼 보이지만 정확히 셀 수 없으므로 무리수라고 할 수도 있다. 이 수는 무리수일까. 이 수는 정확히 셀 수 없다. 그러므로 무리수이지만 또한 이 수는 셀 수 있다. 이미 사람들은 이 숫자를 세서 $\frac{a}{b}$, 즉 유리수의 형태로 나타냈다. 그렇기에 무리수라고도, 유리수라고도 할 수 있는 것이다. 두 집합을 모두 만족할 수도 있는 것일까?

우리가 살고 있는 세상에서 우리는 유리수 또는 무리수 속에 살고 있다고 할 수 있다. 하지만 굳이 유리수와 무리수를 나눌 필요는 없는 것 같다. 우리는 유리수 또는 유리수 같은 무리수 속에서 살고 있고, 또 나는 예측할 수 없지만 무리수 같은 유리수 속에 숨 쉬고 있는지도 모른다. 지금 이순간의 유리수는 무리수일 수 있고, 무리수도 유리수로 바뀔 수 있다. 유리수와 무리수는 상호 작용하며 서로를 바꿔 놓지만, 그렇지 않을 수도 있다. 예측이 되지만 그 예측이 틀리기도 한다. 그렇다면 그냥 '실수'라고 하는 건 어떨까? 지금은 셀 수 있지만, 셀 수 없으니까.

07
우리가 생각하는 유리수와 무리수란 _김원회

수학을 공부하며 우리의 주변에서 찾아볼 수 있는 유리수와 무리수의 개념에는 어떠한 것이 있을까 하는 의문이 들게 되었다. 그래서 우리 주변의 유리수와 무리수의 개념을 가진 것들에 대해 생각해 보았다.

내 전공과목인 생물에서 유리수와 무리수의 개념을 가진 것들에 대해 생각해 보았더니, 생물체의 대부분은 무리수로 이루어져 있다는 사실을 알 수 있었다. 대표적으로 진화를 들 수 있는데, 진화는 우리가 직접 확인할 수도 없을 뿐만 아니라 언제나 예측 불가능한 방향으로 흘러간다. 내 생각에는 인생 또한 무리수이다. 그 이유는 직접 살아보지 않는 한 우리는 우리의 앞날을 알 수 없기 때문이다. 그리고 반대로 유리수의 개념을 생각해 보면 우리의 몸을 이루고 있는 세포를 들 수 있다. 우리 몸의 세포는 끝을 볼 수 없을 정도로 많이 있지만 직접 셀 수 있다.

화학에서 아보가드로 수는 어떤 수일까? 무리수와 유리수 중 어느 것일까? 우리 인간이 다 세지 못하는 수이기는 하지만 언젠가는 끝이 있으므로 유리수라고 해야 할 것이다. 그럼 우주의 별들은 어떨까? 계속 팽창하고 있는 우주에서 별은 계속 생기고 없어지는 과정을 반복한다. 그리고 우리는 아직 우주의 끝이 어디인지도 모르고 있다. 그러면 우주 전체의 별의 개수를 지정할 수는 없으므로 무리수라 해야 할 것 같다.

다른 예로써 우리 삶에서의 나 자신은 정해져 있고 무엇인지 알 수 있으므로 유리수라고 할 수 있을 것이다. 그럼 다른 사람들은 어떨까? 우리가 보통 알지 못하는 것, 예측하기 어려운 것에 대해 무리수라고 표현하듯이 다른 사람들의 마음은 알 수없는 것이기에 마음은 무리수로 볼 수 있을 것 같다. 그럼 나와 너는 서로 별개의 것일까? 그렇지는 않다고 생각한다. 유리수와 무리수가 둘 다 실수 안에 포함되듯이 우리도 공동체라는 더 큰 집합 안에 포함되고, 유리수와 무리수가 한 좌표축에 있듯이 우리도 서로간의 공통점이 존재한다. 이러한 공통점을 확장시켜나가다 보면 우리는 서로를 이해할 수 있을 것이다.

08

무리수를 유리수로 바꾸자! _이정호

유리수와 무리수는 실수를 이루고 있다. 유리수는 순환하므로 그 끝을 예측할 수 있는 수라고 할 수 있고, 그에 반하여 무리수는 순환하지 않는 수이므로 그 끝을 예측하지 못하는 수라고 할 수 있다. 이러한 유리수와 무리수의 특징을 나의 전공분야에서 살펴보자.

내 전공인 화학에서는 분자의 운동을 예측 불가능한 것으로 볼 수 있다. 분자는 정확하게 어느 곳으로 운동할지 모른다. 따라서 우리들은 이 예측 불가능한 것을 예측하기 위해 노력한다. 언젠가는 분자의 운동도 예측 가능해질지 모른다. 따라서 완전한 무리수 즉, 완전하게 예측 불가능한 수는 존재하지 않는 것이 않을까? 내 생각에는 존재 하지 않을 것 같다. 현재는 존재한다고 하더라도 언젠가는 사라질 것이라고 생각한다. 현재 예측 불가능한 것은 많다. 생활에서도 여러 가지를 찾을 수 있다.

예를 들자면 불과 1시간 반 전에 이청용이 시즌 4호 골을 넣었다. 과연 이 경기에서 이청용이 골을 넣을 거라고 누가 예측했을까? 물론 예측한 사람도 있을 것이다. 하지만 그것은 과학적 근거에 따른 예측이 아닌 예언일 뿐이다. 그렇지만 축구에서 여러 가지 수치도 이제는 과학적으로 알아내고 있다. 확률이 그 대표적인 예라고 할 수 있다. 우리는 대부분의 경우에서 확률을 계산할 수 있다. 이 얘기는 조금 더 예측이 가능해지고 있다는 소리이다. 예전에는 수소와 산소가 섞이면 물이 되는 것을 예측하지 못했었다. 하지만 화학반응식을 사용하면 이제는 직접 섞어보지 않아도 수소와 산소가 일정한 비율로 섞이면 물이 된다는 것을 연필만 가지고도 알 수 있다. 수소와 산소가 아닌 다른 원자가 반응하는 식의 경우도 충분히 알 수 있다.

이렇게 점점 예측 불가능했던 것들이 예측이 가능해 지고 있다. 그렇기에 나는 무리수가 유리수로 넘어갈 수 있다고 본다. 우리에게는 예측 가능한 수가 필요할까? 아니면 예측 불가능 한 것이 필요할까? 예측 불가능한 수가 없다면 생활과 사회는 침체될 것 같다. 우리들은 예측 불가능한 것을 예측하기 위해 쉼 없이 노력한다. 예측 불가능한 것이 있기 때문에 살아가는 재미가 있다. 즉, 예측 불가능한 것은 어떤 일의 동기나 힘이 될 수 있다고 생각한다. 그러므로 우리가 무리수, 예측 불가능한 것을 예측하기 위해 잘 가지고 놀다보면 그것들은 우리에게 큰 활력이 될 수 있을 것이다.

09
발전하는 무리수 _전주형

무리수와 유리수는 서로 반대되는 수의 집합이다. 그래서 그런지 성격도 수라는 관점에서는 비슷하지만, 반대된다고 볼 수 있다. 우선 무리수와 유리수는 모두 셀 수 없을 만큼 많다는 점에선 비슷하다. 그러나 무리수는 수 자체가 끊임없이 나열되고 그 수가 몇인지 정확히 모르는 점에서 예측할 수 없지만, 유리수는 수 자체가 끊임없이 나열되는 경우가 있어도 순환하기 때문에 예측을 할 수 있다. 이런 점에서 보면 유리수와 무리수는 우리 인간의 삶과 밀접한 관련이 있다.

무리수와 유리수를 합하면 실수라는 새로운 수의 범위가 만들어진다. 각각 떨어져 있는 것보다 서로를 채워 주면서 수직선이라는 하나의 직선을 만들어 낸다. 이런 특징을 인간의 삶에 적용하면, 무리수는 우리가 살고 있는 우주의 공간에, 유리수는 그 무한한 공간중의 일부이자 무한한 생물체 혹은 물체에 비유할 수 있다. 둘 다 무한하지만 유리수는 무리수에 비하여 매우 적은 실수의 일부분이기 때문이다.

실제로도 그렇다. 우리 삶에서 대부분은 예측을 할 수 없는 무리수이다. 우리가 신이 아니고서야 어떻게 미래를 내다보아 모든 것을 예측할 수 있겠는가. 추측에 불과할 뿐이다. 단지 가장 이상적인 상황에서 그렇다거나 조건을 걸었을 때, 우리는 예측할 수 있는 유리수로 바뀌는 것이다. 이런 경우는 얼마나 있을까?

물리에서 나오는 많은 법칙들이 있다. 이 법칙들은 대부분 가장 이상적인 세계 안에서만 가능하다. 바람이 갑자기 불지 안 불지 등, 별들이 언제 죽을지 또한 예측할 수 없다. 단지 죽기 전 특정한 행동을 통하여 죽기바로전의 예측만 가능할 뿐… 그러나 컴퓨터에선 예외이다. 예측 가능한 유리수부분이 참 많다. 무리수인 인간이 만든 유리수인 셈이다. 심지어 난수조차 예측을 할 수 있는 프로그램이 내장되어 있다.

화학 또한 그렇다. 많은 연금술사들은 여러 화학실험을 했을 때 어떤 결과가 나올 것인지 많은 종류를 예측한다. 수소원자 2개와 산소원자 1개를 결합하면 물 분자가 된다는 것. 예측할 수 있지 않은가? 역사를 되돌아보면 수학, 과학 등이 발전하면서 많은 무리수가 점차 유리수로 바꾸거나 비슷한 꼴로 변하고 있다. 발전하기 전 그 누가 수소원자와 산소원자를 결합하였을 때 물 분자를 생성하는 결과가 나올지 예측 했겠는가. 그 원자란 것이 무엇인지도 몰랐을 것이다. 결국 새로운 무리수와 유리수를 창조한 것이다. 그리고 이것은 곧 무리수와 유리수가 무한하다는 것을 증명하는 꼴이 된다. 앞으로도 많은 발전을 통해 모든 무리수가 유리수로 변하여 예측 가능한 세상이 되기를 바라며 글을 마친다.

10

We Live in Chaos _정택일

우리가 살아가면서 크게 예측을 할 수 있는 것들과 예측을 할 수 없는 것들로 나눌 수가 있다. 그것을 만약에 수의 세계에서 바라본다면 아마 유리수와 무리수로 나눌 수 있을 것이다. 질서가 있는 일들은 유리수라고 하고 질서가 없는 무질서(chaos)는 무리수라고 볼 수가 있을 것이다.

물리의 경우에서 세상을 한번 판단해보자. 물리는 원래 물질의 움직임 등을 탐구하면서 발전되었기 때문에 대부분의 물리에서 다루는 현상들은 예측이 가능하다. 예를 들어 역학에서 다루는 뉴턴의 제1, 2, 3법칙, 운동량 보존의 법칙, 전자기학에서 다루는 쿨롱의 법칙, 옴의 법칙 등이 있다. 물리에서 모든 물체는 예측이 불가능하다는 것을 나타낸 하이젠베르크의 불확정성 원리가 있고, 중력자 등이 있다. 그뿐만 아니라 일정 성분비의 법칙, 기체 반응의 법칙, 처음 자극보다 더 큰 자극을 줘야 느껴지는 것을 나타낸 베버의 법칙, 먹이 피라미드에서 피식 자의 개체가 증가하면 포식자의 개체가 증가하는 현상, 염분비 일정의 법칙, 일주운동 등이 있다. 대부분의 과학에서 법칙화 한 것은 대부분이 예측이 가능해 진다. 예측이 불가능한 것들에는 브라운 운동, 분진 운동, 오비탈, 진화, 돌연변이, 암흑 물질, 일기예보 등이 있다. 만약에 모든 것들이 예측이 가능했다면 과학은 발전하지 않았을 것이다.

나의 삶뿐만 아니라 다른 모든 사람들의 삶도 모두 무리수에 해당될 것이다. 왜냐하면 우리의 인생은 우리가 개척해 나가기 때문에 어떤 현상이 일어날 지는 아무도 모르기 때문이다. 만약에 이 명제에 대하여 반박하는 사람이 있다면 이렇게 말해주고 싶다. 항상 변화 없이 똑같은 일만 반복한다고 생각해봐도, 그 안의 내용을 파악하면 분명 하루하루 다를 것이다. 예를 들어 문제를 풀 때 같은 문제라도 항상 다른 느낌으로 풀 것이다. 그러므로 우리는 무리수에 속한다. 우리의 지금 상태를 $\sqrt{100000000}$ 이라고 생각해보자. 그 루트 안에 있는 수를 1씩 감소시켜보면 무리수이다가도 가끔씩은 유리수가 나올 것이다. 그것은 우리가 삶을 살아가다가 여태까지 한 행동에 대하여 신이 내려주는 결과라고 생각한다. 우리는 $\sqrt{99980001}$ 인 1학기 중간고사를 향해서 준비하고 있다. 그리고 열심히 한만큼 보상으로 성적이 내려진다고 생각한다. 그래서 앞에서 말한 듯이 우리의 인생이 무리수이기 때문에, 우리가 더욱 더 발전해 나갈 수 있는 것이다.

11
무리수, 알 수 없는 아름다움. 유리수, 예측되는 아름다움 _이선용

나의 전공 분야인 물리에서 무리수는 예측할 수 없는 미시세계에서의 운동과 같고, 유리수는 거시세계에서의 운동과 같다. 또한 무리수는 엔트로피와 같이 매우 무질서해서 예측할 수가 없다. 무리수는 특히 하이젠베르크의 불확정성 원리처럼 예측할 수 없다.

화학에서 무리수란 비가역적인 화학적 반응과 비슷하다. 왜냐하면 정방향과 역방향 중 어떤 방향으로 반응이 더 많이 일어날지 모르기 때문이다. 또한 무리수는 화학에서 기체분자의 운동과 같다.

생물에서 무리수의 개념은 생물의 모든 것이다. 또한 유리수도 생물의 모든 것이다. 왜냐하면 생물은 모든 현상이 예측되기도 하지만, 예측될 수 없는 것이기도 하기 때문이다.

지구과학에서의 무리수란 우주다. 우주는 우리가 상상할 수도 없을 정도로 거대하며 무엇이 있는지 잘 알 수도 없고, 우리가 아는 법칙만으로는 설명할 수도 없는 불규칙한 현상들이 존재하기 때문이다. 하지만 지구과학에서의 유리수 또한 우주다. 우주는 비록 확실하지는 않지만 정해진 규칙대로만 움직일 것이기 때문이다.

학교생활에서의 유리수는 매일 마다 우리가 듣고 있는 수업의 시간표이다. 그리고 학교에서 쉬는 시간의 아이들의 움직임은 무리수이다. 아이들은 항상 다른 행동을 하고 있기 때문이다. 하지만 아이들의 수업시간 동안의 행동은 유리수이다. 수업시간에 잘 학생을 예상 할 수 있고 또 수업을 잘 들을 학생도 예상할 수 있기 때문이다.

친구들과의 관계 속에서의 무리수는 '말'이다. 왜냐하면 우리는 서로가 무슨 말을 할지 예상할 수 없기 때문이다. 반면 친구들과의 관계 속에서 유리수는 '신뢰'이다. 우리는 친구들이 얼마나 믿을 만한지 예상할 수 있다. 내 삶속에서의 무리수란 나의 행동이다.

그리고 마지막으로 무리수는 내 삶 그 자체이다. 우리들은 언제나 우리가 어떻게 살아갈지 무엇을 할지 알 수 없기 때문이다.

12
우주, 유리수와 무리수가 공존하는 세계 _박상준

우리는 대부분 해가 동쪽에서 뜨면 눈을 뜨고 하루를 시작하기 위한 준비를 한다. 그러고 나면 보금자리로부터 벗어나 셀 수 없을 만큼 여러 가지 활동을 하며 동시에 여러 가지 감정들을 느낀다. 해가 지고 달이 뜨면 별이 보이기 시작하고, 주변에 적막이 흐름을 느낄 때면 우리는 어느새 내일의 해를 맞이하기 위해 잠을 청하고 있다. 조금의 시간이 흐르고, 다시금 해의 모습을 보면, 또다시 하루를 위한 준비를 시작하고 있다. 이 모든 과정들이 푸른 별, '지구'에서 이루어지고 있다. 이 지구의 대략적 주소는 이러하다. 무엇인지 모를 우주라는 곳에 어디엔가 존재하는 우리 은하의 중심에서 대략 빛이 3만년정도 나아가야 닿을 곳에 위치한 태양. 그리고 그 태양으로부터 약 1AU(Astronomical Unit) 떨어진 곳, 이것이 바로 지구의 대략적 주소이다. 만약, 이 주소를 읽으면서 주소가 상당히 불확실하다는 느낌을 받았다면, 당신은 우주의 무리수적 성질에 중점을 둔 것이고, 그렇지 않다면 유리수적 성질에 중점을 둔 것이다. 왜 갑자기 생뚱맞게 수를 언급하냐고 질문을 던질지도 모른다. 아래 글을 읽다보면 자연스레 답이 나올 것이다.

앞서 유리수와 무리수의 개념에 대해 간단히 말하자면 유리수는 예측이 가능한 수로, 삶 속에서 살펴보면 하루 일과표와 같이 질서가 있는 모든 것들을 유리수라 생각할 수 있다. 또 무리수는 예측 불가능한 수로, 이 역시 삶 속에서 살펴보면 주가, 경제, 혹은 도박 그리고 일본 대지진으로 인해 몰려왔던 쓰나미 등과 같은 재앙들을 무리수라 생각할 수 있다.

보는 관점에 따라 우주라는 하나의 대상이 다르게 해석 될 수 있다. 그 이유는 우주가 유리수이면서 무리수이기 때문이다. 지구가 태양의 주변을 일정한 궤도를 따라 돌고 있고, 그에 따라 태양계에 속한다는 것, 정확히 언제 유성우나 일식, 월식 등 우주쇼를 언제 어디서 볼 수 있을지 등 태양계 내에서의 현상과 허블망원경으로 볼 수 있는 별들의 작은 점들과 같이 가시적인 것들은 천문학자들의 정확한 계산과 추측으로 정확히 알아낼 수가 있다. 즉, 유리수적 요소이다. 하지만, 그 너머로 가게 되면 더 좋은 망원경이 개발되지 않는 이상 추측조차 불가능하게 된다. 지구인들 중에서 태양계의 끝에 무엇이 있는지는 알아도 우주 끝에 무엇이 있을지 아는 사람이 있을까? 일단, 우주의 끝이 있는지부터 확실하게 대답해 줄 사람이 있을까? 답은 '없다'이다. 심지어 우리가 모르고 있는 것조차도 모르고 있는 것들이 많다. 또 어디에서 초신성이 터져 얼마나 지구에 피해를 끼칠지는 알지만, 언제 터질지는 알지 못한다. 즉, 정확한 추측이 불가능하다. 또 저 멀리서 Pulsar나 Quasar가 찬란히 빛을 발하고 있는 것은 알지만 주변에 어떠한 영향을 미치고 있는지 등을 시원하게 대답해 줄 누구도 '아직까지는' 없다. 이 말은, 지금보다 기술이 더 발전된다면, 무리수의 세계가 유리수의 세계가 될 수 있다는 말이다. 그러니까 아직까지 우주는 상대적으로 무리수에 조금 더 가까운 셈이다.

혹시 드레이크 방정식이라고 들어봤는지 모르겠다. 드레이크 방정식은 인간과 교신이 가능한 지적인 외계생명체의 수를 계산하는 방정식이다. SETI 계획의 창시자격 인물인 프랑크 드레이크 박사가 고안한 식이라 드레이크 방정식이라 불린다. 이 방정식은 $N = N^* \times fp \times ne \times fl \times fi \times fc \times L$ 라고 쓸 수 있는데, 각각 N은 우리 은하 내에 존재하는 인간과 교신이 가능한 문명의 수, N*은 은하 안에 있는 항성들의 총 수(또는 별들이 생성되는 비율), fp는 항성이 항성계를 가지고 있을 확률, ne는 항성에 속한 행성 중 생명체가 살 수 있는 행성의 수, fi는 발생한 생명이 지적인 생물체로 진화할 확률, fc는 그러한 지적인 생명체가 탐지할 수 있는 신호를 보낼 수 있을 정도로 발전할 확률, L은 위의 모든 조건을 만족하는 생명체가 존재할 수 있는 기간을 의미한다. 이 방정식을 한번 음미해보자. 위의 변수들은 유리수가 될 수도, 무리수가 될 수도 있다. 외계생명체가 우리와 접촉한다면 유리수가 되고, 지구라는 행성이 없어질 때까지 접촉하지 못한다면 무리수로 남게 되는 것이다. 여기에서 잠깐 드레이크 방정식을 다른 시각에서 보도록 하자. 만약 외계 생명체가 우리와 같이 저러한 방정식을 세웠는데도 우리와 접촉을 하지 못한다면,

지구생명체 즉, 인간이 존재하므로 N값은 유리수와 무리수 둘 모두에 해당하게 된다. 지구 생명체가 유리수적 요소와 무리수적 요소 둘 다를 가지고 있다는 이야기이다. 그렇다면, 지구의 모든 생명체들은 작은 우주라고 볼 수 있지 않을까? 무언가 역설처럼 들리기도 한다. 유리수적, 무리수적 요소 모두를 가지고 있는 우주 안에 유리수적, 무리수적 요소 모두를 가진 우주가 존재한다는 것은 죽어서까지도 고민할 것 같은 역설이다.

위에서 가졌을 의문이 시원하게 해결되었는지는 모르겠다. 어쩌면 우주에 대한 의문이 더 생겼을지도 모른다. 하지만 우리들이 우주에 관하여 풀어헤쳐야 할 과제들과 의문들이 아직 너무나 많이 남아있고, 그것들을 해결하고 알아내기 위해 존재한다는 것, 그것만큼은 확실하다.

13
마치 무리수와 같이 _김혜기

생활에서 찾아 볼 수 있는 유리수란 우리가 정확히 표현할 수 있는 수이다. 예를 들면 1, 26, $\frac{36}{6}\cdots$ 등으로 정해진 값을 가지고 있어 모두가 알고 있다. 그리고 우리는 그 끝 역시 알고 있다. 하지만 무리수는 정확한 표현이 불가능하다. 인간이 할 수 있는 한계를 다한다하여도 그 뒤에 오는 수를 모두 예측할 수는 없다. 다시 말하자면 예측 불능의 수이다.

표현할 수 있고 모두가 알 수 있는 유리수에는 다양한 공식과 법칙들을 비유할 수 있다. 이 공식과 법칙들을 통해 우리는 새로운 값들을 예상하고 알아낼 수가 있다. 주어진 값들을 통해 예측이 가능한 것이다. 하지만 무리수와 같이 예측이 불가능한 것들도 있다. 그것들은 공식과 법칙이 될 수 없다. 일부의 식 속에서는 들어맞는 것처럼 보이지만 조건을 변화시키고, 값에 변동을 주면 오차가 생기고 그 규칙을 잃어버리기도 한다. 어떠한 상황에서도 정의를 내릴 수 있는 것이 있는가하면 설명할 방법이 없는 것들도 있다. 호기심을 갖고 무언가를 계속 알고 싶어하는 사람의 본능이 있는 이상 무리수의 존재는 당연한 것이라는 생각이 든다.

우리의 삶과 인관관계 속에도 유리수, 무리수는 존재한다. 우리가 하는 행동 하나하나가 그 예일 것이다. '항상 겪은 일이니 또 그렇겠지'라고 생각하며 한 행동에도 예외는 생기기 마련이고 전혀 엉뚱한 결과가 나오기도 한다. 그 근본적인 원인은 우리가 많은 것들을 유리수라고 착각하고 있기 때문이다. 다만 유리수를 너무 많이 닮은 무리수라서 그것을 의식하지 못하고 있을 뿐이다.

여기 유리수라고만 생각했던 수열이 있다. 수열은 마치 규칙을 갖고 순환하는 것처럼 보인다. 충분히 예측할 수 있다고 자신하며 방심한다. 하지만 그 뒤에 어떤 생각지도 못한 변수가 있을지는 아무도 모른다. 우리의 삶 역시 그런 예측불허의 수열과 같다. 너무 지루하다고만 생각하지 말고 그런 변수를 찾아보자. 내가 무심결에 지나친 작은 것이 갑자기 언젠가 탁하고 앞을 막을 큰 것이 될 수도 있다. 하지만 어떤 경우라도 우리가 끝나지 않은 그 다음에 대한 희망을 가질 수 있다는 것은 분명하다. 아직 끝나지 않았다는 것이 우리의 원동력이 되어 준다. 예측할 수 없어 불안하지만 그렇기 때문에 우리는 살아있는 것이다. 마치 무리수와 같이….

14
'무리수?!' _박상원

분류란 무엇인가? 서론에 들어가기에 앞서 이러한 질문을 던져본다. 우리 인류는 지금까지 편의를 위해 무언가를 그 특징에 따라 하위개념으로 분류해왔다. 분류를 한다는 것은 그 둘을 가른다는 의미가 될 수도 있다. 조화란 무엇인가? 그것은 서로 다름이 존재하더라도 그것마저도 하나가 될 수 있는 것을 이른다. 그렇다면 이제 문제는 '분류와 조화는 양립할 수 없는 것들인가?'하는 것으로 귀결된다.

일례로 수학에서의 수의 분류 중 하나인 유리수와 무리수의 개념에 대해 생각해보자. 유리수의 경우 우리는 그 끝을 가늠할 수 있다. 그러나 무리수의 경우 우리는 그 끝을 가늠할 수 없다. 즉, 예측가능성의 여부에 관한 것이라 할 수 있다. 그렇다면 도대체 예측이 가능하다는 것은 무엇을 의미하는가? 그것은 질서가 있다는 것을 의미한다. 질서가 있어 규칙을 갖는다면 우리는 그것에 대한 어느 정도의 추측이 가능하니 말이다. 이는 반대의 경우에도 성립한다.

나의 전공분야는 물리이다. 물리란 세상의 이치를 파헤치는 학문이라 한다. 그래서인지 물리학에서는 세상을 거시세계와 미시세계의 두 구조로 나누어 설명한다. 거시세계를 설명하는 이론이라 하면 모름지기 아인슈타인의 '상대론'일 것이다. 반면 미시세계를 설명하는 이론이라 하면 '양자역학'이라 할 수 있겠다. 이 두 이론의 존재는 상호간의 차이에서 비롯된다고 할 수 있다. 그렇다면 이 둘에게 조화란 단어는 함께 쓰일 수 없는 것일까? 나의 견해는 조금 다르다. 애매한 것은 항상 문제를 태동시키는 법이다. 크기에 대한 이론 역시 그 중 하나가 될 수 있다. 거시, 미시 이들은 언제나 상대적인 것이다. 다시 말해, 어떠한 절대적인 기준이 없다는 것이다. 마치 시간과도 같이 말이다. 우리가 사는 세계에서의 거시라 함은 우주, 미시라 함은 원자라 할 수 있지만 원자의 입장에서 다시 본다면 거시는 원자, 미시는 더 작은 중성자, 양성자, 전자라 할 수 있다. 여기서 끝이 아니다. 중성자, 양성자, 전자의 입장에서 그들을 거시라 한다면 더 작은 쿼크, 보존입자들을 미시라 할 수 있다. 즉, 거시세계 속에는 미시세계가 존재하고, 반대로 미시세계 속에 또 다른 거시세계가 존재하는 것이다. 수학의 집합론적 관점에서 본다면 이들은 서로 동치라 할 수 있겠다.

뿐만 아니라 최근 들어 물리학자들은 세상을 하나의 이론으로 설명하고자 힘쓰고 있다. 물론 저 둘을 포함해서 말이다. 게다가 미시세계를 설명하는 이론의 경우 직관적 이해가 불가능할 정도로 복잡하기에 물리학자들은 두 세계를 하나로 설명할 수 있는 새로운 이론적 틀을 제시하려고 총력을 기울이고 있다.

다른 곳으로 눈을 돌려보자. 논리학에서도 정수적 관점에서 표현하는 이치논리와 어느 정도의 차이를 반영하여 제각기 무질서한 값을 가진 퍼지 논리가 있다. 경제학에서도 복잡하고 예측 불가능한 주가나 물가 등의 요소가 있지만 그것들을 어느 정도 예측하도록 하는 시장경제 원칙, 최소비용의 원칙, 게임이론 등이 존재한다. 또한 논증에도 무질서한 것들을 하나로 정리하여 결론에 이르는 귀납법과 질서 있는 하나의 명제를 가지고 무질서하게 펴져있는 여러 실재들에 적용시키는 연역법이 있다.

이와 같은 분류는 우리의 삶 속에는 없을까? 물론 아니다. 우리의 삶에서도 유리수와 같은 사람이 있는가 하면 무리수와 같은 사람도 있다. 그러나 이와 같은 구분이 지나치면 차이를 만들고 차이가 커지면 괴리를 만들어내는 법이다. 오늘날 학문 간의 괴리 역시 지나친 세분화의 영향 중 하나일 것이다. 오늘날은 '개인'보다는 '우리'가 중시되는 사회이다. 다시 말해 생각의 객체가 독립된 존재인 '나'에서 다른 사람까지 포함하는 '우리'로 확장되었다는 말이다. 오늘날의 연구의 대부분이 공동연구라는 것을 생각해보면 나도 결코 예외가 될 수 없다는 걸 알 수 있다. 때로는 조용해야 하지만 때로는 활발해야 할 때가 있다. 때로는 관대해야 하지만 때로는 인색해져야 할 때가 있다.

중요한 것은 단지 하나만, 어느 하나만 필요한 경우는 극히 드물다는 것이다. 두 가지를 모두 갖는다고 해서 문제가 될 것은 없다. 오히려 득이 될지언정. 만약 이 두 가지를 서로 다른 것으로만 인식하지 않고 본질적으로 그 내면을 응시한다면 그 또한 하나로 귀결된다는 것을 깨닫게 될 것이다. 서로 다른 유리수와 무리수도 근본적으로는 실수라는 하나의 뿌리에서 나온 것처럼 말이다. 그러니 다르게만 보지 말자. 한 번쯤 유리수와 무리수의 특성을 모두 가져서 그 둘의 교집합인 '무리수'가 되어 보는 것은 어떨까?

15

완전한 무질서의 세상 _신춘석

세상에는 질서가 있다. 모든 자연 만물은 질서에 따라 움직인다. 마치 정해진 듯이 생성되고 소멸하는 많은 것들을 보며 우리는 이 세상에 카오스란 존재하지 않는다는 생각을 하기도 한다. 과연 이 세상에 존재하는 카오스란 무엇일까?

우리는 일상 속에서도 수많은 카오스를 경험하고 있다. 가령 당신이 여자친구와 8시 30분에 공원에서 만나기로 약속한 상황을 생각해보자. 당신은 7시 20분에 일어나 아침을 준비한다. 아침은 토스트와 우유, 하지만 토스트기가 보이지 않는다. 어젯밤 옆집에서 빌려간 것을 깜박한 것이다. 오늘의 아침 식사는 식빵과 우유로 대체한 체 당신은 샤워를 한다. 샤워를 끝낸 후 면도를 하다가 또 다른 곤욕을 겪는다. 면도날에 베인 것이다. 반창고를 붙인 뒤 시계를 보니 벌써 7시 52분. 공원까지 택시를 타고 가려면 적어도 8시에는 택시를 잡아야 한다. 서둘러 옷을 갈아입고 신발을 신는데 운동화는 어젯밤 축구를 하느라 진흙투성이다. 하는 수 없이 당신은 신발 끈도 아직 묶지 않은 컨버스화를 꺼내 신발 끈을 묶는다. 집을 나서며 시계를 보니 벌써 8시다. 도로로 뛰어갔지만 눈앞에 노란택시가 지나가는 것을 가까스로 놓친다. 그 택시는 공원 쪽으로 간다. 당신은 다음 택시를 잡아 서둘러 공원을 향한다. 그 순간 여자 친구는 당신을 기다리다가 당신이 공원 앞에 거의 다 왔을 때쯤 화가 나서 당신에게 전화를 건다. 당신은 눈앞에서 횡단보도를 건너는 여자 친구를 발견하고 부르는 순간 반대편에서 우회전하던 노란택시가 여자 친구를 치었다. 아까 놓친 노란택시였다. 급히 뛰어갔지만 그녀는 이미 숨진 뒤였다.

위의 예는 카오스 현상을 극단적으로 잘 보여주고 있다. 아침의 예상하지 못한 몇 가지 사건에 의해 여자 친구가 죽은 것이다. 이처럼 카오스는 작은 변화가 가늠할 수 없는 결과를 불러 오는 것을 뜻한다. 출발시간의 변화가 택시를 놓치게 했고 택시를 놓친 것은 여자 친구의 죽음이라는 믿을 수 없는 결과를 부른 것이다. 이는 한 마리 나비의 날갯짓이 어딘가에서 폭풍을 발생시킬 수 있다는 의미로 나비효과라고 불리기도 한다. 이처럼 이 세상의 수많은 물질이나 현상은 카오스와 관련이 있다. 그렇다면 왜 우리는 카오스와 뗄 수 없는 관계를 맺으며 살아갈까?

카오스 현상을 이해하기 위해서는 우리가 살고 있는 세계가 근본적으로 무질서에 바탕을 두고 있다는 것을 알아야 한다. 언뜻 보면 체계적인 만물의 질서가 완벽한 세계를 만든다고 생각할 수도 있다. 그러나 완전은 무질서로부터 나온다.

수학에서 무리수의 집합이 유리수의 집합보다 더 크고 결국 무리수의 집합이 실수의 집합과 대등하다는 것을 들어봤는가? 여기서 실수의 집합은 우리가 살고 있는 세상, 유리수의 집합은 질서, 무리수의 집합은 무질서 즉 카오스를 의미한다고 볼 수 있다.(실수보다 더 큰 집합도 있으나 그것들과의 관계는 다음 글에서 살펴볼 것이다.) 위의 과정은 무질서가 질서보다 압도적으로 많으며 이 세상은 무질서로 이루어져있다는 것을 보여준다. 더 나아가 이 세상의 근본은 무질서라는 말은 무슨 뜻일까?

수학에서 무리수를 살펴보자. 유리수는 일정한 질서에 따라 하나하나 셀 수 있으며 소수점 아래 숫자가 끝이 있다는 것을 쉽게 예상할 수 있다. 그러나 무리수는 질서가 없고 소수점 아래 숫자의 끝을 예상할 수 없으며, 끝없이 계속되는 것을 관찰할 수 있다. 여기서도 이 세상이 유리수보다는 무리수로 이루어져 있다는 것을 알 수 있다.

어떤 물체의 길이를 정밀하게 측정할 때를 생각해보자. 아무리 정밀한 자라도 자세히 보면 물체의 끝은 눈금과 눈금 사이에 있을 것이다. 눈금 간격을 $\frac{1}{10}$로 줄인다고 해도 마찬가지일 것이고 계속 줄여도 마찬가지일 것이다. 이것은 무리수의 소수점 아래 숫자를 측정하는 것과 같다. 결국 그 물체의 길이는 끝을 예측할 수 없는 무리수가 될 것이다.

또, 매우 질서 있게 보이는 자연 현상도 근본적으로는 무질서를 따른다. 황금비율에 대해 생각해보자. 황금비율은 예부터 가장 아름다운 비율로 생각되어온 완벽한 비라고 할 수 있다. 수학에서는 물론 앵무조개의 껍질이나 해바라기 씨의 배열 등 실제로 자연의 많은 것들이 황금비율을 따르고 있다. 하지만 질서 있고 규칙적일 것 같은 황금비이 무리수라는 것은 수학적으로 증명되었다. 또 다른 예로 꽃잎의 개수와 여러 나무의 씨의 배열을 설명할 수 있는 피보나치 수열도 결국에는 황금비로 수렴한다는 점에서 거의 모든 자연현상과 물질의 근본이 무질서라는 것을 확인할 수 있다.

이처럼 무리수와 무질서는 수학과 이 세상을 완전하게 만들어준다. 원을 완전하게 만들어주는 것도 원주율 π라는 무리수가 있기에 가능하고 세상 만물의 물리량도 무리수로 나타난다. 이 세상은 카오스요, 카오스가 이 세상인 것이다. 나는 이같이 경이로운 무질서의 완전함에 놀라며 이 세상을 신이 만들지 않았다면, 결국 무질서가 이 세상의 근본일 수밖에 없다고 조심스레 생각해본다.

* 도움말 : 카오스는 무리수와 같은 무질서가 아니다. 무리수 보다는 좀 더 질서를 가지고 있다. 주식 시장이 예이다. 주식시장은 무리수와 같이 예측할 수 없는 정도는 아니다.

16
우리가 보는 세상과 조화 _이주현

실수는 크게 유리수와 무리수로 나눌 수가 있다. 유리수의 수학적 정의는 a와 b가 실수이고, b가 0이 아닐 때로 나타낼 수 있는 것으로, 질서 있고 예측이 가능하다는 말로 표현할 수 있다. 유리수의 반대되는 개념이라 할 수 있는 무리수의 수학적 정의는 유리수가 아닌, 즉, 꼴로 나타낼 수 없는 수로 무질서하고, 예측 불가능하다고 표현할 수 있다.

그럼 과연 우리가 사는 세상은 유리수일까 무리수일까?

우리는 평소 예측 가능한 것들을 보고 있다. 학교 시간표, 충북 과학고에서의 밥 먹는 시간, 자습시간, 코딩을 하고 컴파일 후 실행했을 때의 결과물도 예측 할 수 있고, 물과 세슘을 반응시키면 폭발적으로 반응한다는 것도 예측할 수 있다. 이렇듯 우리 주변에 많이 활용되는 것들이 대부분 유리수의 개념이라 말할 수 있다.

그렇다면 무리수의 개념에는 어떤 것이 있을까? 먼저 거시적 관점에서 우주를 한 번 생각해보자. 우주에는 예측 불가능한 것들이 대부분이다. 블랙홀이 어디서 생성될 것인지, 어떤 암흑물질이 어디에 존재해 있는지 아무도 알 수 없다. 이번엔 미시적 관점에서 전자를 생각해 보자. 원자핵 주변에 전자들의 분포는 확률적으로는 알 수 있지만, 명확하게 어디에 있다는 것은 예측할 수 없는 무리수적 특징을 가지고 있다.

이처럼 우리 눈에 보이는 대부분은 유리수적 특성을 가지고 있기 때문에 평소 우리는 유리수라는 개념은 잘 알고 있지만 무리수라는 개념에는 무감각해져 있다.

여기서 나는 유리수와 무리수의 특징을 사람의 성격에 적용해 보았다. 사람의 성격에 유리수 무리수를 적용했을 때를 살펴보면, 유리수와 무리수가 같은 실수의 범위에 있음에도 불구하고 섞이지 못하는 것을 볼 수 있다. 우리는 세상에 존재하는 수많은 유리수적 부류와 무리수적 부류 사이에서 각각의 성향을 알고, 이해하고, 조화를 이루어야 한다고 생각한다.

유리수와 무리수에 대한 글을 써보면서 흔한 수학적 용어 하나하나가 실생활에 적용되어 풀이 될 수 있다는 것이 너무 신기하고, 앞으로도 이것에 대해 많이 생각해 봐야겠다는 생각을 했다.

17
진리와 판단 _권하람

대다수의 사람들이 끊임없이 판단을 한다. 끊임없이 명제의 참과 거짓을 가린다. 어떠한 '진리'에 도달하기 위해서, 그리고 진리에 도달함으로써 마음의 평정을 얻기 위해서다.

그런데 곰곰이 생각해 봐야할 것이 있다. 이를테면, 어떤 사람이 아주 복잡한 논리과정을 통해 어떠한 명제에 대한 판단을 유도해냈다고 하자. 이때 이 사람의 '판단'을 곧 '진리'라고 할 수 있는가? 회의주의자(여기서 회의주의란 퓌론이나 흄의 극단적인 회의주의를 말한다.)들에 말을 빌리자면, 답은 '아니다'이다. 물론 이는 '인간은 진리에 도달할 수 없다'라는 명제를 하나의 진리로 포함하게 되므로 심히 모순적일 수밖에 없다. 하지만 이들은 사람의 '판단'을 곧 '진리'라고 할 수 있는지의 여부에 대해, 인간이 진리에 도달할 수 있느냐는 명제에 대해 '그렇지 않다'고 주장하는 것이 아니다. '아니다'고 말함으로써 대립되는 두 개의 명제에 대해 신뢰가능성과 신뢰가능성 결여에 간한 동등성을 부여하기 위함이다.

이는 퓌론주의자들의 생각 중 일부를 간단히 요약한 것인데, 참으로 복잡하고 어려운 내용이다. 어째서 이들은 이런 복잡한 논리를 만들었을까? 그것은, 진리에 도달하기에는 인간의 능력이 부족하기 때문이다.

보다 쉬운 이해를 위해 판단과 진리에 우리가 잘 아는 유리수와 무리수의 개념을 적용시켜보고자 한다. 그 전에 유리수와 무리수의 성질을 간단히 정의해보자면, 유리수는 그 크기를 정확히 알 수 있는 수이고 무리수는 그 크기를 정확히 알 수 없는 수라고 할 수 있다. 그 이유는 유리수는 반복되는 마디에 의해 예측이 가능한 반면 무리수는 그렇지 못하기 때문이다. 이 때 우리가 도달할 수 없는 진리는 무리수의 성질을 지니고, 우리가 정수 분의 정수 꼴로 유리수를 정의하여 그 크기를 알 수 있듯, 우리가 내리는 판단의 주체가 바로 우리이기 때문에 정확하지 않을 수 없어 판단은 유리수의 성질을 지닌다 할 수 있겠다.

인간의 판단은 사실 무의미 할지도 모른다. 아무리 복잡하고 많은 판단을 내린다한들 인간은 진리에 도달할 수 없기 때문이다. 그렇지만 유리수를 통해 무리수의 크기를 가늠할 수 있고 보다 많은 유리수를 통해 더욱 정밀한 크기를 가늠할 수 있듯이, 우리는 보다 복잡하고 많은 판단을 통해 진리에 도달할 수 있는 것이다. 바로 그런 점이 인간이 늘 끊임없는 판단을 하도록 만드는 것이 아닐까.

18

양날의 검으로 가르는 끝없는 혼돈의 세계 _김현우

유리수와 무리수. 그 정의를 보면 0이 아닌 정수를 분모로 가지고, 분자에도 정수를 가지도록 표현 할 수 있는 수가 유리수이고, 그렇게 할 수 없는 수가 무리수이다. 분수, 정수, 무리수, 유리수 등 여러 가지가 있다. 이것들은 모두 인간이 만들어낸 그들만의 정의를 도와주는 잣대들일 뿐이다. 감히 수를 그런 무딘 검으로 베어낼 생각은 꿈에도 하지마

라. 시도하는 자는 도리어 당할 뿐이요, 잔잔한 상처는 분열하는 세포들의 파도에 묻힐 뿐이다.

자, 여기 사이다를 예로 들자. 사이다가 두 병이 있다. 그렇다면 여기서 '두' 병이라는 것은 유리수이다. 그러나 두 병 안에 같은 양의 사이다가 들어있다고 할 수 있을까? 아니라면 여기서 각각의 사이다를 하나로 삼을 수 있다고 과연 당신은 말할 수 있는가?

여기서 우리 사고의 한계가 나타난다. 하나의 기준이 없는 상태로 우리는 이 애매모호한 규칙을 전통이라도 되는 양 지켜오기만 했다. 나에게는 철칙이 하나 있다. '인습은 갈아엎는다.' 이처럼 애매모호한 것을 우리는 무슨 파라오의 보물인양 꼭 끌어안고 위조품인지 아닌지에 대한 관심은 멀리 내팽개쳐진 채, 파라오 화장실의 물 내려가는 소리가 신기하다고 그 앞에만 매달려 거짓 수학이 주는 달콤한 꿀에 빠져들었던 것이다. 이제는 각성해야 할 때가 왔다. 이곳에 온 목적은 흐물흐물한 잣대에 매달려 언제 녹아내릴지 모르는 아이스크림을 먹기 위해서가 아니라, 아직 냉장고에서 시원하게 탄산을 내뿜는 사이다를 마시기 위한 투쟁이다. 비유했지만, 여기서 사이다는 하나의 정립된 규칙을 나타낸다. 확실하게 음과 양을 나눌 수 있는 결단력, 그것이 우리에게는 필요한 것이다.

유리수와 무리수, 무엇이 음이고 양일 것인가? 이것을 찾아 헤매기 보다는 우리의 사고를 더욱 증진시켜 확실한 개념을 정립하고 수의 일각에 불과하나마 우리의 전부인 수 체계를 정리하고 확실히 하는 것이 더욱 중요하다. 이것은 곧 시작될 하나의 물결에 불과하다. 이 인습들을 뒤집으려는 작은 물결들이 모여 하나의 파동을 이루어 더욱 증폭하고,

또 늘어나 제 4, 5의 물결을 이루어 마침내 우리가 알던 세상을 송두리째 뒤엎을 것을 나는 믿어 의심치 않는다.

19
그대는 얼마나 알고 있는가? _이효선

예측할 수 있는 것, 그리고 예측할 수 없는 것. 이 두 가지 말은 완전히 상반된 말처럼 보이지만 전혀 반대되는 말은 아니다. 예측할 수 있고 없고의 차이는 사람의 지적 수준에 따라 달라지는 것뿐이다. 그 사람이 어떤 사실에 대해 더 많이 알고 있다면 그만큼 예측 가능한 정도가 증가하는 것이고, 알고 있는 것이 거의 없다면 그에 대해 예측하는 것은 거의 불가능하다. 수학에서는 유리수와 무리수가 이러하다. 유리수는 유한하거나 순환하기 때문에 우리가 쉽게 예측할 수 있는 반면, 무리수에 대해서는 우리가 가진 지식이 거의 없기 때문에 예측이 불가능하다. 우리가 무리수에 대해 아는 것이라곤 지금까지 구해본 소수점 뒷자리들에 규칙성이 전혀 없고 random하게 끝없이 나아간다는 것이다. 하지만 언젠가 무리수에 대해 좀 더 알게 되면 우리가 현재 무리수 범주에 넣은 수들에서 규칙성을 찾을 수 있을지도 모른다.

이와 동일한 개념으로 거시세계와 미시세계를 살펴볼 수 있다. 거시세계는 유리수적인 개념을, 미시세계는 무리수적인 개념을 가진다. 거시세계는 우리가 쉽게 인지할 수 있는 세계로 뉴턴의 고전역학으로 모두 설명이 가능하다. 그래서 우리는 어떤 물체가 운동할 때의 속도나 위치, 또는 그 이외의 것들을 쉽게 예측할 수 있다. 이는 우리가 거시세계에 대해 지식이 많기 때문이다. 하지만 미시세계는 우리 눈으로 인식할 수 없는 세계로 분명 존재하기는 하나, 우리가 예측할 수는 없다. 사람들이 거시세계에서 예측한 방법을 그대로 도입하여 뉴턴의 고전역학으로 설명하려 했지만 불가능했다. 미시세계를 예측하기 위해서는 더 차원 높은 기술 및 지식들이 뒷받침되어야 하는데 아직 우리에게는 그러한 기술과 지식들이 많이 부족하다. 현재 전자의 정확한 위치를 알아낼 수 없어 확률적으로 나타낸 오비탈을 사용하는 것도 이러한 이유 때문이다.

다시 말해 우리가 쉽게 인지할 수 있기에 많은 정보를 얻을 수 있는 거시세계는 예측이 가능한데 반해, 인지가 거의 불가능한 미시세계, 즉, 알고 있는 정보가 거의 없는 미시세계는 예측 불가능하다. 이는 곧 우리의 미시세계에 대한 지식수준이 높아지면 그만큼 더 많은 것을 예측할 수 있다는 의미이다.

이 외에도 예측할 수 있는 것, 없는 것들은 무수히 많다. 하지만 우리가 예측할 수 없다고 느끼는 것들은 사실 우리가 알고 있는 것이 부족해서 그렇게 느끼는 것일 뿐, 실제로 그들이 예측 불가능한 것들은 아니다. 그대는 얼마나 알고 있는가? '아는 만큼 보인다.'는 말이 있다. 그대가 아는 만큼 예측할 수 있는 것들이 많아질 것이다.

이 세상을 유리화하는 것. 분명 이 세상을 재미있게 사는 방법 중 하나일 것이다.

20
유리수 속의 무리수 _송은선

실수는 실제로 존재하는 수를 말한다. 이러한 실수는 유리수와 무리수, 두 집합으로 나눌 수 있다. 유리수는 두 정수의 분수 형태로 나타낼 수 있는 수를 말한다. 무리수는 유리수를 제외한 실수를 말한다. 정의를 좀 더 생각해보면 유리수는 유한하거나 무한하더라도 순환하는 수, 즉 주기를 갖는 수를 말한다. 이렇기 때문에 우리는 예측이 가능하다. 하지만 무리수는 무한하며 순환하지 않고, 계속 변하기 때문에 예측 할 수 없는 것을 말한다.

우리는 실제 존재하는 세상에서 살아간다. 세상이라는 실수 안에서 살아가는 것이다. 사람들은 매일 같이 24시간이라는 하루 속에 살아간다. 주기를 갖는 수, 즉 우리는 유리수 속에서 살아간다. 1초, 1분, 1시간, 하루, 1년, 10년 이 모든 것이 유리수라는 개념이다. 이러한 유리수 속에서 살아가는 사람의 인생 또한 유리수일까? 그렇지 않다. 인생이라는 것은 유리수가 아니다. 우리가 예측 할 수 없는 일들이 가득한 것이 인생이다. 그렇기에 사람들은 많은 것을 기대하고 바라고 원한다. 하지만 수학에서의 실수 세계와 실제 우리가 살아가는 세상인 실수 세계는 다르다. 수학 속의 무리수와 유리수는 공집합이 없지만, 우리가 살아가는 세상에서는 유리수와 무리수의 공집합이 있다고 생각한다. 왜냐하면 인생에는 유리수 적인 면이 있기 때문이다. "성공은 열심히 노력하며 기다리는 사람에게 찾아온다.", "하늘은 스스로 돕는 자를 돕는다."는 말이 있다. 예측할 수 없는 미래이지만 자신의 노력과 생각은 조금은 미래를 결정하고, 예측 할 수 있게 한다. 이런 면에서는 인생이라는 것은 유리수적인 특성을 띤다.

우리가 살아가는 세상은 수학처럼 딱딱 떨어지는 것이 아니다. 수학세계와 우리의 세계를 같다 생각하면 안 된다. 많은 사람들은 점을 보고 운세를 본다. 이것은 많은 사람들이 인생이 유리수이길 바라기 때문이다. 하지만 만약 인생이 유리수라면 어떨까? 인생이 유리수라면 우리는 미래를 알 수 있기 때문에 노력하지 않을 것이며, 무언가를 조마조마 기다리는 일도 없을 것이다. 우리가 공부하고 있는 것 또한 인생의 무리수적인 인생에 대해 유리화 시키려고 하는 것이기 때문이다. 인생은 유리수가 아닌 무리수이기 때문에 즐거운 것이고, 또한 힘든 것이며, 그래서 파란만장한 인생이라 할 수 있을 것이다. 인생이 무리수라는 것, 이러한 무리수를 유리화하기 위해 우리는 매일같이 노력하고, 원하고, 바란다.

21
밤하늘의 별처럼 반짝거리는 무리수 _임가을

유리수란 두 정수의 나눗셈으로 표시할 수 있는 수이다. 즉, p와 q가 서로소인 정수이고 q가 0이 아닐 때 $\frac{p}{q}$의 꼴로 나타낼 수 있는 수를 말한다. 유리수에는 정수와 분수, 유한소수, 순환소수가 있기 때문에 유리수를 예측가능하다고 말한다. 유리수의 반대말이라고도 할 수 있는 무리수란 실수이면서 분수의 형식으로 나타낼 수 없는 수를 말하는데 예를 들어 log 2, π가 있다. 무리수는 유리수와는 달리 예측이 불가능하다.

대부분의 사람들은 유리수는 우리 주변에서 쉽게 찾아 볼 수 있는 것이지만, 무리수는 국어사전에나 나오는 도리나 이치에 맞지 않거나 정도를 지나치게 벗어나는 말 정도로 생각 할 수 있다. 하지만 수학의 눈을 크게 뜨고 세상을 바라보면 새로운 것을 볼 수 있다. '유리수별'과 '무리수별' 이 두 별이 견우성과 직녀성처럼 서로 절대 만날 수 없는 것처럼 보이지만 때로는 까마귀의 도움으로 오작교가 생겨 견우와 직녀가 만나듯이, 우리 삶 속에서도 자석의 N극과 S극 같은 유리수와 무리수가 균형있게 존재할 수 있다.

그러면 무리수는 삶 속에 어떻게 녹아 있는 것일까? 연인들의 두근거리는 사랑과 헤어짐, 주식의 가격들을 예측할 수 있을까? 내일 운세를 정말 점 쳐 볼 수 있는 것일까? 3체 문제와 슈뢰딩거의 고양이 그리고 물리학에 큰 획을 그은 불확정성의 원리 역시 신이 아닌 이상 예측 할 수 없다. 불확정성의 원리란 위치와 운동량을 곱하면 일정한 숫자보다 항상 크다는 원리인데 위치 측정의 오차를 줄이려고 하면 운동량 측정의 오차가 증가한다는 것이다. 위치와 운동량 사이에는 불확정성이 존재하여 예측 할 수 없다. 만물의 이치를 정확하게 밝힐 수 있는 물리라는 학문에서 조차 무리수가 존재한다면 음악에도 무리수가 존재하지 않을까? 건반악기인 피아노에는 수학적으로 무리수가, 현악기인 바이올린에는 수학적으로 유리수가 관련되어 각각의 악기가 내는 음은 유리수와 무리수처럼 아주 가까운 듯 하지만 서로 음의 차이를 갖고 있다. 이번 과제를 통해 유리수와 무리수는 단지 수학책에 활자로만 적힌 단어가 아닌

밤하늘의 별처럼 약간의 관심만 가진다면 볼 수 있다는 것을 알게 된 것 같다.

22

눈으로 지각할 수 있는 것, 심장으로 느낄 수 있는 것 _정주영

무리수 하면 나는 내가 제일 먼저 알게 되었던 π가 떠오른다.

3.141592…. 여태까지 π의 끝을 알아보려고 했던 많은 사람들은 실패하고 말았다. 그리고 슈퍼컴퓨터로 π의 끝을 알아보려는 것도 역시 실패했다고 들은 적이 있었다.

수학적으로 말하면 유리수는 $\frac{a}{b}$(a, b는 서로소인 정수, 단, $b \neq 0$)꼴로 나타낼 수 있는 것이고 무리수는 이런 분수식 형태로 나타낼 수 없는 수를 말하게 된다. 우리가 일상생활 속에서, 우리의 삶을 유리수와 무리수로 말하게 된다면 다음과 같이 말하고 싶다.

우리의 외양(겉모습), 현재 나를 다른 사람들에게 무엇이라고 확실히 표현할 수 있는 것을 유리수라 한다면, 나의 마음, 생각을 무리수로서 볼 수 있다. 유리수와 무리수를 다시 말하면 내 눈으로 보게 되어 판단할 수 있게 되는 것과 판단할 수 없는 것으로 생각할 수 있다.

누구는 못생겼다, 잘생겼다, 누구는 공부를 잘한다, 부자다 등 외양적으로 판단할 수 있는 것 그리고 돈, 명예, 권력 등 겉모습을 봄으로써 판단할 수 있는 것을 유리수와 같다고 말할 수 있을 것이다.

반면 누구를 사랑하는 것, 증오하는 것과 같이 오감으로 느낄 수 없지만 심장으로써 느낄 수 있는 것. 또 끝을 모르는 것, 양적개념을 도입할 수 없는 것으로 무리수를 설명할 수 있을 것이다. 수학에서 무리수가 소수의 끝을 모르고 무엇이라고 딱 단정할 수 없는 것이기 때문에 우리 삶에서의 무리수를 이렇게 설명하였다.

우리는 사람들을 겉만 보고 판단하게 된다. 인간의 내양을 보는 것보다 우리 눈으로 보는 것만을 중요시하고 그것이 옳다고 믿게 된다. 이렇기 때문에 우리들은 잘못된 길로 빠지게 되기도 하고 잘못 판단하기도 한다. 대표적으로 착시현상을 볼 수 있는데 우리 눈만 믿게 되면 이처럼 어떤 일을 판단할 수 없게 되고 잘못된 생각을 가지게 되는 것이다.

전혀 다르다고 생각되는 두 개념은 반드시 공존해야만 한다. 우리 눈으로 판단할 수 있다고 유리수처럼 살아가는 것이 아니라 무리수의 개념과 더불어 살아가는 것이 중요하다고 생각된다.

유리수와 무리수는 교집합이 없다. 유리수와 무리수. 전혀 다른 개념이지만 실수의 개념에서는 함께 있어야할 존재이다. 우리의 삶 속에서도 유리수 같은 삶만이 아니라 무리수의 삶을 같이 공존하여 살아가야 한다.

23

Fractals & Chaos _노수현

유리수와 무리수의 정의를 한 번 되짚어보자. 유리수, 정수의 비로 나타낼 수 있는 수. 정수와 분수가 있으며, 유리수를 소수로 나타내면 유한 소수나 순환 소수가 된다. 유한 소수든 순환 소수든 몇 번째 자리에 어떤 숫자가 있는지 예측할 수 있다. 즉 유리수는 예측 가능성을 지니고 있다. 무리수, 소수점 이하로 같은 수의 배열이 반복적으로 나타나지 않는(순환하지 않는) 무한소수. 순환적이지 않으므로 몇 번째 자리에 어떤 숫자가 있는지 예측할 수 없다. 즉 무리수는 예측 불가능하다.

프랙탈, 언제나 부분이 전체를 닮는 자기 유사성(self-similarity)과 소수(小數)차원을 특징으로 갖는 형상을 일컫는다. 그렇지만 이러한 프랙탈을 멀리서 보면 굉장히 무질서하게 보인다. 하지만 언제나 부분이 전체를 닮기 때문에 어떤 부분에는 어떤 모양을 하고 있는지 예측할 수 있다. 즉 무리수처럼 예측할 수 없는 것처럼 보이지만 사실은 유리수처럼 예측할 수 있는 것이 프랙탈이다. 즉 프랙탈은 예측 가능성을 지니고 있다.

카오스 이론, 겉으로 보기에는 불안정하고 불규칙적으로 보이면서도 나름대로 질서와 규칙성을 지니고 있는 현상들을 설명하려는 이론. 이것은 작은 변화가 예측할 수 없는 엄청난 결과를 낳는 것처럼 안정적으로 보이면서도 안정적이지 않고, 안정적이지 않은 것처럼 보이면서도 안정적인 여러 현상을 설명하려는 이론이다. 하지만 카오스 이론은 아직까지 이론에 불과하므로 카오스는 예측할 수 없음을 의미한다고 할 수 있다. 즉 무리수처럼 예측 불가능성을 지니고 있다고 볼 수 있다. 그렇지만 아직도 우리는 알 수 없다. 프랙탈을 보면 알 수 있듯이 엄청나게 무질서하게 보이는 것 속에서도 아주 놀라운 질서가 존재할 수 있을지도 모르고, 전혀 예측할 수 없는 것처럼 보이는 것 속에서도 언제든지 예측할 수 있음이 존재할 수 있을지도 모른다. 무리수처럼 보이는데 유리수를 사용하여 표현할 수 있을지도 모른다. 그렇다면 과연 프랙탈을 이용하여 카오스를 설명할 수 있는 날이 올까? 그러한 날이 오면 유리수를 가지고 무리수를 설명할 수 있는 날, 예측 불가능한 것처럼 보이는 것들을 예측할 수 있는 날도 머지않아 다가 올 것이다

24
무리수는 실수인가, 허수인가 _황종운

무리수와 유리수는 실수와 허수와는 조금 다르게 접근해야 한다. 우선 무리수와 유리수는 확실히 존재하는 것들이다. 둘 다 모두 실수 안에 포함된다. 하지만, 이것도 좀 더 꼬아서 생각해본다면, 모순된 점을 찾을 수 있다. 무리수의 정의는 유리수가 아닌 실수이다. 유리수는 $\frac{a}{b}$(b는 0이 아닐 때, a와 b는 서로소)로 나타낼 수 있는 수이다. 유리수의 정의에서 무리수의 정의를 다르게 생각해 보면, $\frac{a}{b}$(b는 0이 아닐 때, a와 b는 서로소)로 나타낼 수 없는 수라고 할 수 있다. 그리고 무리수에는 끝이란 존재하지 않는다. 그렇다면, 무리수를 직접 써서 나타낸다고 해 보자.

무리수는 끝이 없기 때문에 실제로는 나타내기 불가능한 수라고 말할 수 있다. 그렇다면, 실제로 나타내기 불가능하다면 우리 머릿속에만 존재하는 수이므로, 이전 글에서 말했듯이 허수적인 존재라고 할 수 있다. 하지만, 이것은 대수적인 부분에서만 봤을 때의 경우로 말도 안 되는 소리이다. 사실 우리는 여러 가지 방법으로 무리수를 실제로 나타낼 수 있다. 예를 들면, 한 변의 길이가 1인 정사각형의 대각선의 길이로 $\sqrt{2}$를 나타낼 수 있고, 반지름의 길이가 0.5인 바퀴의 둘레의 길이로 파이를 나타낼 수 있고, 정오각형에서 황금비를 나타낼 수 있다. 이렇게 도형으로 생각을 확장시켜 보면, 무리수는 확실히 존재하는 것이라고 할 수 있다. 하지만, 이것을 또 한 번 더 꼬아 이것의 길이를 측정하는 경우를 따진다면, 또 다시 모순이 발생하게 된다. 앞에서의 방법으로 나타낸 무리수는 이론적으로 무리수로 나타냈지만 실제의 길이가 무리수라고 확신할 수 없다. 이렇게 저렇게 했을 때의 이 길이를 우리가 무리수라고 정해놓은 것이기 때문이다. 때문에 확실히 하기 위해서 이것의 길이를 측정하게 되더라도 끝이 없기 때문에 정확한 값은 측정이 불가능하다. 이렇게 되면 또 허수적인 존재가 된다.

써 놓고 나니, 내 생각도 억지인 것 같은 느낌이 난다. 하지만 이렇게 생각해 보니, 내 사고의 깊이가 좀 더 늘어난 느낌이다.

25
무리수를 두나요? _김채원

유리수와 무리수는 모두 실수에 포함된다. 그 중 유리수는 두 정수 a와 $b(b\neq0)$를 $\frac{a}{b}$라는 분수의 꼴로 나타낸 수를 말한다. 유리수에는 끝이 있는 유한소수와 끝은 없지만 순환하는 순환소수가 있다. 유리수는 끝을 알 수 있거나 그 끝을 예측 할 수 있다. 따라서 유리수는 예측 할 수 있다는 의미가 된다. 무리수는 순환하지 않는 소수이다. 무리수는 끝이 없고 어떠한 마디로 순환하는지 모르기 때문에 예측 할 수 없다는 의미를 가진다.

일상생활에서도 누군가 도리나 이치에 맞지 않거나 정도를 지나치게 벗어나는 일을 할 때 '무리수 둔다.'라고 한다. 생각해보면 이 말도 무리수의 '예측 할 수 없다.'는 성질에서 나온 말이 아닐까? 우리가 예측하고 있던 행동을 한 게 아니니깐 말이다. 사실 따지고 보면 우리가 사는 세상은 모두 무리수인 셈이다. 우리가 앞으로 무슨 일이 일어날지 모르기 때문이다. 점을 보거나 오늘의 운세를 보기 위해 신문을 펴는 우리는 모두 유리수 같은 삶을 바라고 있는 것이다. 삶이란 끝이 정해져 있지 않은 길을 걷는 것이다. 그 길을 걷다 보면 가끔 유리수 같은 일을 겪을 수도 있다. 하지만 그 유리수는 수많은 무리수 중에서 우리가 볼 수 있기에 많다고 여겨지는 유리수들이다. 우리는 꼭 명심해야 한다. 볼 수 있기에 많아 보이는 것뿐이라는 것을. 삶이 유리수라고 생각하고 살면 걸을 때마다 밟히는 무리수한테 큰 코 다칠지도 모른다. 어떤 무리수 같은 일들이 루트를 벗고, 파이에서 빠져나오고, e에서 고개를 내밀어 우리를 놀라게 할지 모르는 일이다. 그러니 우리는 '무리수' 두는 사람을 욕하면 안 된다. 모두가 무리수의 길을 걷고 있기 때문이다.

그리고 삶이 유리수 같다면 무슨 재미가 있겠는가? 예측 할 수 없는 일들로 인해 up & down을 반복하는 인생이 스릴있고 재밌는 인생이 아닐까? 지금까지 down만 있었다고 상심해 하지마라. 예측할 수 없는 일들이 우리를 힘들게 한다면 가끔은 앞에 놓인 예측 가능한 유리수를 보면서 힘을 내도록 해보자. 그 뒤에 찾아오는 up이 몇 만 배는 더 재밌는 인생을 만들어 줄지도 모른다. 자, 우리 모두 운세를 보려고 폈던 신문을 접고 무리수와 유리수로 가득 찬 세상으로 나가서 온몸으로 그들을 맞아보자. 유리수와 무리수는 단순히 수학책에 있는 것만이 아니다.

26
정해져 있지 않은 미래 _홍혁표

유리수와 무리수… 유리수는 정수 분의 정수의 형태로 나타내어지는 수(여기서 분모는 0이 아님)로서, 소수점 아래의 자리 수가 유한한 유한소수, 소수점 아래의 자리 수가 무한하지만 일정한 순환마디를 가지고 순환하는 순환소수로 나누어진다. 무리수는 소수점 아래의 자리 수가 무한하고 순환하지 않는 수이다. 흔히 예측할 수 있는 것들을 유리수, 예측할 수 없는 것들을 무리수로 말한다(사실 예측할 수 없는 것들은 미지수를 더 많이 쓰긴 함). 유리수를 예측할 수 있다는 것은 비교적 납득하기 쉽다. 그런데 무리수가 순환하지 않는다고 해서 예측하는 것이 불가능할까? 여기서 수를 한 개 생각해보자. $b = 0.11010001000000010\cdots$ b는 순환마디가 존재하지 않으므로 무리수이다. b를 보면 소수점 아래 2^n(n은 0 이상의 정수)자리에는 1이 있고 나머지 자리에는 0이 있음을 알 수 있다. 그렇다면 우리는 주어진 자리수의 수가 무엇인지 분명히 알 수 있다. 따라서 무리수를 예측하는 것이 불가능하다는 말은 틀린 말이다.

유리수는 예측할 수 있으므로 과거이고, 무리수는 예측할 수 없으므로 미래일까? 아니다. 우리는 무리수를 예측할 수 있다. 또한 유리수를 예측할 수 있다고 해서 과거가 되는 것은 더더욱 아니다. 과거는 예측할 수 있는 것이 아니고 이미 정해져있는 것이기 때문이다. 그렇다면 이런 반론을 제기할 수도 있다. '유리수도 정해져있으니까 과거가 맞잖아.' 유리수가 정해져있어서 과거라면 무리수는 정해져있지 않을까? 위에서 예를 든 b라는 수는 비교적 규칙적으로 표현한 예측이 가능한 수이지만 무리수를 대표한다고 할 수는 없다. 원주율인 π를 생각해보면 예측할 수 없다고 볼 수 있다. 하지만 정해져 있지 않은 것은 아니다. π는 원을 둘레와 지름의 길이 사이의 비를 나타낸 수로서 변하지 않는 상수이다. (적어도 평면에서는) 무리수도 정해져 있다. 단지 우리가 예측할 수 없다는 것일 뿐이다. b같은 몇 개(따져보면 무한개)의 무리수는 예측할 수도 있다. 무리수도 유리수처럼 정해져 있다는 것이다.

우리의 미래는 정해져있지 않다. 무리수와 유리수처럼 정해져 있는 것은 바로 과거이다. 우리는 미래를 수로써 표현하려고 하면 안 된다. 굳이 표현하자면 미래는 미지수라고 할 수 있다. 몇 개의 수에 의해 결정되는 미지수. 미래라는 미지수를 바꾸고 결정하는 수들은 너무 많아서 예측하기 힘들다. 지구상의 사람만을 변인으로 설정한다고 하더라도 69억 개의 변인이 있고 더 중요한 것은 변인이 사람만 있는 것이 아니라는 사실이다. 게다가 각각의 변인 중 어떤 하나라도 영향을 적게 미치는 것은 없다. 나비효과를 생각해보면 남미의 아마존에서 나비의 날갯짓이 북미의 허리케인에 영향을 줄 수 있다. 우리 모두 하나하나가 미래를 만들어 가는 중요한 요소인 것이다.

우리의 삶을 정해진 수로 표현하려는 행위 자체가 잘못된 것일 수도 있다. 미지수라는 적절한 표현이 있는 것처럼 보이지만 미지수라고 단정 짓기도 어렵다. 체계를 확장시킨 실수, 복소수도 정해져 있는 수이다.

아무리 수학이 견고하고 완벽한 학문이라지만 우리의 삶까지 전부 수학으로 표현하려고 한다면 우리는 정해져있는 미래를 걷는 인형이 될 것이다. 우리 모두가 한 명 한 명 열심히 살아가는 것이 우리가 정해져 있지 않은 미래를 만들어 나가는 것이다.

27
유비수, 무비수 _최주헌

신은 자연수만을 창조했으며 나머지는 모두 인간이 만들었다는 얘기가 있다. 자연수는 물건의 개수를 세기 위해 사용되었고, 뺄셈을 하다가 마이너스 등을 표현하기 위해 0이 등장했고, 마이너스 등을 표현하기 위해 음수가 등장했다. 분수는 나눗셈을 하다가 등장했다. 유리수도 분수의 등장으로 인해 생겨나게 되었다. 즉 $\frac{a}{b}$(여기서 a, b는 정수)로 표현되는 수이다. 다시 말하면, 분수로 나타내어지는 수이다.

영어로 유리수는 이성적인 수(Rational number)라고 한다. 피타고라스 학파는 만물은 모두 유리수로 표현할 수 있다고 생각했었다. 그러나 $\sqrt{2}$ (무리수)의 발견으로 인해 그들은 엄청난 충격에 휩싸이게 된다. 바로 그들의 신념이 흔들리게 된 것이다. 당시 사람들이 무리수를 쉽게 받아들이지 못하고 이상한 수라 생각했다. 그래서 $\sqrt{2}$같은 수는 비이성적인 수(Irrational number), 무리수라 한다.

하지만 무리수의 발견은 위대한 발견이었다. 우리들이 학교에서 가장 처음으로 알게 되는 무리수 π에 대해 생각해보자. 반지름이 50cm인 완벽한 원형의 형태를 가진 수레바퀴가 있다고 하자. 그 수레의 바퀴가 한 바퀴 회전하여 지나간 자국의 길이를 줄자로 측정한다고 해보면 314cm 하고도 몇 cm가 남을 것이다. 바퀴가 지나간 자국에서 314cm를 제거한 길이를 x라고 하고 x를 줄자로 소수점 자리까지 계속 측정 하다 보면 x의 길이는 매우 불규칙적이며 무한하다는 것을 볼 수 있을 것이다. 바로 가장 잘 알려진 무리수 π의 발견이다.

또 물체를 무한히 확대해보면서 수치를 측정할 경우 규칙적이지 않은 수치들이 3.12, 3.121, 3.1215, 3.12158cm 이런 식으로 불규칙적으로 무한이 되는 것을 볼 수 있다.

그렇기 때문에 우리들이 주변에서 볼 수 있는 거의 대부분의 물체는 무리수라고 생각한다. 내 전공인 물리에서 보면 무리수는 쉽게 볼 수 있는 수이다. 많은 상수들이 무리수인데, 양자역학의 기본적인 상수 중 하나인 플랑크상수나 유전분극 현상에 의해 유전체내 전기장 세기가 작아진 비율인 유전율 등 여러 상수들이 무리수이다. 셀 수 있는 물체의 개수 등이 아닐 경우 대부분의 것들은 무리수라고 볼 수 있다.

이제 무리수 유리수를 우리 세계의 관점에서 바라보자.

우선 언어적 관점에서 유리수와 무리수를 보면, 보통 사람들은 '유리하다', '불리하다'의 '유리'와 '불리'를 먼저 머리에 떠올린다. 고대 수학자들이 무리수를 발견 했을 때에는 매우 충격적이었기 때문에 그렇게 부를 수 있었다고 생각해볼 수 있다. 그러나 지금 우리가 유리수는 합리적이고 이성적인 수이고, 무리수는 불합리고 비이성적인 수라고 이해하기는 참 어렵다.

그렇기 때문에 유리수를 유리수라 하기보다는 비가 있는 수라는 뜻의 유비수, 무비수라 하고, 무리수는 비로 나타낼 수 없는 수라는 뜻의 무비수라고 하는 것이 맞다고 본다.

우리의 삶에 무리수와 유리수를 본다면 유리수는 유한하고 정해져 있기 때문에 예측하기 쉽고 편하며 안전하다. 그러나 무리수는 불규칙적이며 끝이 보이지 않아 불안전하다. 대부분의 사람들은 안정적인 유리수 같은 삶을 살려고 하지만 나는 그러한 유리수적 삶보다 무리수와 유리수를 동시에 포함하는 삶을 살아가는 것이 더 바람직하다고 생각한다. 유리수 같은 삶을 살다보면 유한하기 때문에 언젠가는 끝나는 지점이 보일 것이다. 그럴 때마다 우리는 무한한 가능성을 가진 무리수적 관점에서 유리수의 제한된 벽을 넘어 새로운 세상을 볼 수 있는 그런 관점을 가져야 한다.

28
무심코 지나간 자연 속의 진리 _조동희

우리는 신비로운 지구에서 살고 있다. 알게 모르게 여러 자연 현상을 겪는 우리들에게 날씨며 기상 현상들은 언뜻 보면 당연한 듯이 여겨진다. 그러나 그 속에 과학적인 원리가 숨겨져 있고 알 수 없는 신비로움이 담겨져 있다. 그런 의미에서 자연의 모든 것을 유리수와 무리수에 관련지어 생각해보려 한다.

하늘에서 비가 내리면 그 물은 지상으로 내려와 계곡을 건너 강을 건너 바다로 흘러간다. 그리곤 다시 하늘로 올라가 구름을 만들고 비를 다시금 뿌린다. 이렇게 보면 지구에서 돌고 도는 물은 규칙성을 가지고 순환하는 유리수와 같은 것이 아닐까?

얼마 전 일본에서 규모 9.0에 육박하는 대지진이 일어났다. 일본 학자들은 과연 그렇게 큰 지진이 일어날 것을 알고 있었을까? 판은 우리가 어떻게 하든 계속 움직이고 있다. 그렇지만 우리는 그러한 움직임에서 지진이 정확히 언제 어떻게 일어날 지 알 수 없다. 물론 $\sqrt{2}$가 대략 1.414의 값을 가진다는 것을 아는 것처럼 일본에서도 곧 지진이 일어날 거란 것은 알고 있었을 것이다. 그러나 지구 역사상 다섯 손가락 안에 꼽을 정도의 지진이 일어날 것은 상상도 못했다. 그래서 지진은 무리수와 같은 개념이라고 생각한다.

이번엔 이 모든 자연의 근원인 우주로 가보자. 지구에서 대기권을 뚫고 우주로 나가면 가장 먼저 보이는 것이 달이다. 달은 지구에서 볼 때는 29.5일마다 보름달이 다시 찾아오고, 우주에서 봤을 때는 27.3일을 주기로 지구를 한 바퀴씩 돈다. 또한 달은 자전주기와 공전주기가 같아 한 바퀴 자전하는 데에 27.3일이 걸린다. 이런 규칙들을 가지고 주기적인 운동을 하는 달은 유리수와 같은 것이라고 생각된다.

달을 벗어나 태양계로 나가 더 뻗어 나가면 우리 은하가 보인다. 언뜻 보면 은하 내의 모든 천체는 은하핵을 중심으로 규칙적인 운동을 하는 것처럼 보인다. 마치 원주율의 값을 소수점 아래 셋째자리(3.141)까지 구했을 때처럼 말이다. 하지만 자세히 보면 별들은 각자 자신의 움직임 즉, 고유운동을 가진다. 여기저기 퍼져있는 성운에선 불규칙적으로 에너지를 내뿜으며 별이 탄생하고, 또 어느 곳에선 별이 죽음을 맞이하며 블랙홀이 생성되기도 한다. 원주율의 값을 알아버린 것이다. 즉, 우주의 은하들은 그 값이 순환하는 것처럼 보이다가 결국엔 순환하지 않는다는 것을 알게 되는 원주율처럼 무리수와 같은 것이다.

이 자연의 대부분은 무리수라고 생각한다. 알 것 같으면서도 모르겠고 추측은 하고 있지만 정확히 알 방법이 없기 때문이다. 앞으로 이런 무리수 같은 자연과 우주를 탐구하며 부족함을 채우는 것이 과학도로서의 도리가 아닐까?

29
끝이 보이지 않아도 _신희찬

유리수는 분자, 분모(분모가 0이 아닌)가 정수인 분수로 나타낼 수 있는 수이다. 무리수는 실수 중 유리수가 아닌 수로 소수로 나타내면 순환하지 않는 무한소수이다. π, $\sqrt{3}$, $\sqrt{2}$ 이런 수가 무리수에 들어간다.

앞에서 말한 이런 정의에 의해 나는 유리수를 보이는 수라고 생각한다. 소수로 나타냈을 때 끝이 있고, 끝없이 무한히 이어져도 순환을 해서 그 형태가 보인다. 즉 끝을 알 수 있기 때문에, 그 수는 보았을 때 숨김이 없고 깨끗하다. 무리수를 유리수와 반대로 본다면 보이지 않는다고 생각할 수 있겠다. 소수로 나타냈을 때 순환하지 않고 끝없이 이어져 그 끝을 볼 수 없다. 그 수를 보게 되면 어느 정도 예상이 가능하지만 짐작만 할 수 있을 뿐 유리수처럼 깨끗하게 다 보이지 않기에 더럽다고 생각된다.

이를 수학에서만이 아닌 다른 분야에서 생각하면 새로운 재미가 있을 것 같다. 생물에서 보게 되면 유리수와 같은 것으로 사람의 겉모습을 생각해볼 수 있다. 그 사람의 겉모습, 겉치레라는 것이 외형적으로 나타나서 실제로 보이는 것이기 때문이다. 그러면 무리수는 사람의 속마음, 감정 등으로 생각해 볼 수 있겠다. 다른 사람에게는 보이지 않아 정확하게 알 수 없을뿐더러 시시 때로 변하는 것이라 그 끝을 모르는 것이 무리수의 성질과 비슷하다. 겉모습은 쉽게 바꾸고 꾸며서 좋게 보이게 할 수 있겠지만, 이 마음, 감정 등은 마음대로 바꾸기 힘들다. 그리고 무리수에서 계산을 통해 얻어낸 앞부분의 적은 양의 값과 같이 겉으로 조금씩 드러나, 가꾸고 신경 쓰지 않으면 꾸민 겉모습을 망쳐 놓을 수 있다. 이 속마음, 감정 등은 순수할지 사악할지 모르는 것이지만, 마음대로 바꾸기 힘들기 때문에 그것이 보이지 않아도 그 사람의 진실된 것이라고 생각된다. 앞에서는 무리수가 더럽다고 생각됐지만 이 때문에 나는 왠지 모르게 무리수와 비슷한 마음, 감정에 더 믿음이 간다.

30

현재 과거 그리고 미래 _황희문

산다는 것… 우리의 인생은 평탄할 수도 있고 그렇지 않을 수도 있다. 가끔 사주를 보러가고 점을 보는 것은 우리가 미래에 대한 확신을 가지고 있지 않다는 것을 인증할 뿐 실로 도움 되는 것은 없다. 점을 봄으로써 우린 '내 미래가 이렇구나.'라는 생각을 하게 된다. 그럼 앞으로 어떻게 살아갈까? '난 성공한댔어. 나중에 잘된다고 했으니까….' 이런 근거 없는 말만 믿으며 허황된 꿈을 키워나가고 그에 비해 노력의 양은 줄어들 것이다. 내가 과거에 무슨 일을 했건 미래에 어떻게 될 것은 중요한 것이 아니다. 현재 우리가 어떻게 하느냐가 중요한 것이다.

점에서 나오는 것처럼, 사주팔자에 나오는 것처럼 사람의 인생은 정해져 있는 유리수일까? 짧은 이야기 하나만 하겠다.

'어느 한 아이가 있었다. 그 아이는 공부도 잘 했고 언제나 상위권에 있었고 친구도 많았다. 그 아이는 엄마와 점을 보러 갔다. 점은 예상대로 좋은 점괘가 나왔다.' 10년 후 그 아이의 미래는 어떻게 되었을까? 우리는 알 수 없다. 미래는 무리수와 같으니까….

우리가 정확하게 측정할 수 있는 유리수 같은 것들이 이 세상에 있을까? 아마 없을 것이다. 내가 지금 하고 있는 일이 어떻게 될 지 지금 지진이 날 수도 있는 것이고 컴퓨터가 갑자기 꺼질 수도 있는 것이다. 예측이 가능할 뿐 정확하게 떨어지는 것은 없다. 그나마 예측이 되는 것이 유리수에 가깝다고 말할 수 있지만 결과적으로 보면 우리가 살아가는 것은 알 수없는 무리수이다. 친구와의 관계, 학교 성적 같은 것은 우리의 노력에 달렸다. 그렇다면 다시 생각해보자. 무리수는 있을까? 언젠가 지금도 계산하고 있는 파이의 값에서 순환주기가 나온다면….

모든 것은 우리의 노력에 달려있다. 절대 좌절하지 않고 과거를 돌아보며 미래를 위해 현재에 노력한다면 충분히 무리수를 유리수로 바꿀 수 있을 것이다.

31
끝을 향하여… _김민정

수는 끝을 예측할 수 있는가? 이제 이 질문에 답을 해 보자.

유리수는 딱딱 떨어지는 맛이 있고, 소수로 표현해도 끝이 존재한다. 끝이 존재하지 않을 때는 순환하는 마디가 존재한다. 즉, 끝없이 이어진다기보다는, 유한적이라는 것이다. 그에 반해 무리수는 끝없다고 할 수 있다. 끝이 없는데 순환하지도 않으므로 전혀 규칙성도 없고 예측할 수도 없다.

나의 전공 분야는 물리인데 물리 분야에서 유리수와 무리수의 개념을 도입할 수 있는 예를 찾아 볼 것이다. 우선 양자역학이 있다.(이 분야는 화학 분야와도 겹친다.) 곰곰이 생각을 해 보니 양자역학은 유리수의 개념과 무리수의 개념 모두를 지니고 있다. 일단 미시의 세계에서는 절대 중간지점이라는 것이 없다. 전자가 원자핵을 돌 때(이것은 오개념이지만 보통 이렇게 표현한다.) 언제나 정해진 궤도만을 돌 수 있다. 그 궤도는 1, 2, 3… 등의 정수로밖에 존재하지 않는다. 이러한 실정에 무리수는 끼어들 수가 없다. 전자가 $\sqrt{2}$ 의 궤도를 돌 수 있는가? 절대 없다.

이제 양자역학에서의 무리수의 개념을 생각해 보는 것은 어떨까? 원자가 양이온이 되는 것은 전자를 잃었을 때이다. 원자가 전자 하나를 잃는다는 것은 이 전자가 무한대 궤도로 들뜬다는 것이다. 보통 과학에서는 함께 있던 전자가 어느 정도 떨어져 나갔을 때 이온화되었다고 하지만 수학적으로 생각하면 원자가 양이온이 되기란 불가능하다. 아무리 가도 가도 다음 궤도는 존재한다. 궤도가 끝없이 늘어서 있어 절대 도달할 수 없을 것이다. 또 언제, 어떻게, 어디서 도달할지도 절대로 예측할 수 없을 것이다.

유리수와 무리수의 개념은 이 분야 말고 다른 분야에서도 충분히 찾아 볼 수 있다. 우주의 끝이 존재하는지, 아니면 끝없이 계속 뻗어나가는 것인지, 유리수와 같이 한정되어 있는지, 혹은 무리수와 같이 예측할 수 없게 끝조차 없는지 알고 싶은 사항일 것이다. 코딩할 때에도 이런 개념이 성립할 수 있다. while문을 돌릴 때 조건이 잘 맞아 원하는 만큼 돌려지다 빠져나갔다면 이것은 유리수이다. 이때는 결과를 예상해 볼 수 있다. 잘못하여 무한루프가 돌면 이것은 무리수이다. 무엇이 나올지는 계속 돌려봐도 모른다. 코딩을 많이 해 보지 않아 무엇을 쓰면 어떻게 될지 전혀 모르는 사람들에게는 코딩 자체가 무리수일 것이다. 아무것도 예측할 수 없기 때문이다.

상관없다고 생각하는 사람들도 있지만 우리의 삶에서도 유리수, 무리수는 깊게 관여한다. 예를 들면 음악에서는 12음계 등의 음계가 있다. 이 음들은 순환하므로 유리수라고 할 수 있다. 도를 치면 그 다음에 무슨 음이 나올지 우리는 알 수 있다. 또, 바둑용어 중에 무리한 수를 두었을 때 무리수라고 한다고 한다. 일상생활에서도 무리한 짓을 하거나 어이없고 상식 밖의 것들을 할 때 무리수라고 한다. 이것들은 규칙적이지 않고 예측할 수 없는 무리수의 특성과 어느 정도 닮은 구석이 있어서 그렇게 표현한다고 생각한다.

그렇다면 결국 수는 끝을 예측할 수 있는가? 어쩌면 이 질문도 무리수의 일상생활에서의 예들 중 하나가 될 수 있을지도 모르겠다.

32
이해 _최민우

우리 주위엔 사랑도 있고, 이별도 있고, 눈물도 있다. 우리가 아름다운 이유는 눈물이 있기 때문이다. 우리의 눈물은 이별과 같은 아픔의 산물이고, 또 그런 이별과 같은 아픔은 이해의 차이에서 온다. 또, 소설에서 가장 중요한 요소는 갈등이다. 갈등도 무엇으로 인해 생기는지 알 수 있다.

위의 사실들을 미루어 봤을 때, 이해의 차이는 우리네 인생이 재미없고 단조롭게 돌아가는 것을 막고, 변화를 주는 중요한 요소가 된다. 보통 이해의 차이가 발생할 때의 원인은 두 가지 종류가 있다. 첫째로, 어떤 것에 대해 서로 다른 견해를 가졌을 때의 차이가 있다. 이에 대해 설명하자면, 100원 짜리 동전에서 이순신이 앞이라고 생각하는 사람과, 100이 앞이라고 생각하는 것의 간단한 것부터, 어떤 영화를 봤을 때, 서로 다른 이해까지 다양한 것들이 있다.

또 두 번째는, 객관적으로 이해할 수 없는 사람, 이치에 맞지 않는 사람에 대해 일어난다. 보통 사람들은 이런 사람들을 긍정적으로 표현하거나, 부정적으로 표현하는데, 긍정적으로 표현하는 경우는 4차원이라고 표현하며 그들을 좋아한다. 신비함에 빠진다고 한다. 반대로 부정적으로 표현하는 경우는 그에 대해 이야기 할 때, "그는 정말, 말이 통하지 않는 사람이야"라고 표현한다. 보통 4차원 인간이라고 표현하는 경우에는 객관적으로 이해할 수 없는 사람이라 보고, 부정적으로 표현하는 인간은 이치에 맞지 않는 사람이라고 본다.

이와 닮은 수학에서도 이해의 차이는 큰 기준이 된다. 바로 유리수와 무리수를 나눌 때이다. 유리수와 무리수에서 '리'는 이치 이자로 이치의 있고 없음을 표현한다. 이것들은 그 수를 볼 때 느낄 수 있는데, 유리수는 우리가 일상에서 사용하는 자연수를 포함하는 이치적인 수이다. 무리수는 수학을 한다고 할 때, 비로소 찾게 되는 수가 아닌가 싶다. 예를 들어, 제곱해서 2가 되는 수가 그렇다. 그 수를 표현했을 때, 그 수는 패턴을 찾을 수 없이 끝없이 반복된다. 그래서 그것을 기호로 나타나게 된다.

당신은 이치가 있는 사람인가? 아니면 그 반대인가?

33
이면의 매력 _김민아

유리수와 무리수에 대한 내 생각을 풀어보기에 앞서서 유리수와 무리수에 대해 간략히 설명을 하려 한다. 유리수의 정의는 $\frac{b}{a}$로 나타낼 수 있는 수로 여기서 a는 0이 아닌 정수이다. 무리수는 실수 중에서 유리수를 제외한 나머지의 수들로 정의가 다소 포괄적인 느낌이 든다. 수직선을 빼곡히 채우고 있는 유리수와 무리수를 대조적으로 바라본다면 유리수는 규칙적이고 예측이 가능한 수이고, 반대로 무리수는 규칙적이라기보다는 불규칙적인 배열에 가깝다. 또한 끝을 제대로 알 수 없는 예측이 불가능한 수이다. 이 글에서 다룰 유리수와 무리수를 삶에서 적용시킨 예들은 유리수와 무리수 사이의 가장 큰 차이점이라고 할 수 있는 위의 설명에 중점을 두었다는 것을 미리 밝혀 두는 바이다.

무리수에 대해 생각의 가지를 차근차근 뻗어나가던 중에 스포츠가 뇌리에 스쳤다. 스포츠는 각본 없는 드라마라고들 하지 않는가. 섣불리 승부의 결과를 단정 지을 수 없으며 전혀 예상하지 못했던 돌발 상황이 일어나는 세계가 바로 스포츠의 세계이다. 때때로 경기가 행해지는 과정에서 갑자기 전세가 180도 바뀌기도 한다. 예를 들어, 2010년 여름에 열렸던 여자 17세 이하 청소년 월드컵 결승전에서 한국과 일본이 겨루었는데 역전에 역전을 거듭하였다. 이처럼 스포츠의 세계에서는 짜릿한 쾌감이 존재한다. 이는 무리수를 완벽히 예측하지 못할 때 조금씩 탐구해 가며 알아갈 때 느끼는 즐거움과 상통한다.

유리수는 내 전공인 화학에서도 좋은 예를 찾을 수 있다. 바로 원소주기율표가 그것이다. 주기율표는 원자량에 따라 원소들을 배열한 것으로 그 배열 속엔 매우 규칙적인 의미가 부여되어있다. 세로줄인 족과 가로줄인 주기를 보면 알 수 있다. 같은 족끼리는 원소의 성질을 결정하는 원자의 전자 수가 같으므로 그 족에 해당하는 원소들은 비슷한 성질을 가지며 같은 주기인 원소들은 전자껍질 수가 같다. 이런 사실 외에도 원소주기율표 위에서는 매우 규칙적이고 질서정연한 성질을 찾아볼 수 있다.

내가 무리수의 존재를 처음 안 것은 초등학교 2학년 때였다. 그 때 수직선에 해당하는 수를 찾는 방법을 배우고 있었는데 선생님께서 우리가 현재 알고 있는 수는 유리수로 수직선 위에 유리수만 표현하면 구멍이 뚫려 있다는 말씀을 하셨다. 내겐 꽤나 충격적인 사실이었다. 그 후 4년 후에야 무리수에 대해 자세히 알게 되었다. 그리고 3년이 더 흐른 지금 나는 무리수와 유리수를 다른 영역에 끌어와 생각하고 있다. 감회가 새롭다. 매우 유익하고 즐거운 탐구를 한 듯하다. 기쁜 마음으로 글을 마친다.

34
투명과 불투명 _안하정

유리수는 우리가 명확히 정의를 내릴 수 있는 수. 무리수는 그 끝이 무엇인지 우리가 명확히 알지 못하는 수라고 할 수 있다. 수학의 정의로 설명하자면 유리수는 두 정수의 비 $\frac{a}{b}$(a와 b는 정수, $b \neq 0$)로 표현 가능한 실수라고 정의되고, 무리수는 유리수가 아닌 수, 즉 두 정수의 비로 표현할 수 없는 실수라고 정의된다. 이 글을 쓰면서 생각하기에 유리수와 무리수는 투명, 불투명이라고도 말할 수 있는 것 같다.

우리가 살고 있는 이 사회에서는 투명과 불투명이라는 말을 많이 사용하는 것 같다. 특히 선거철에 많이 쓰이는데 그럴 때 마다 보통 투명은 좋은 것, 불투명은 좋지 않은 것이라고 인식된다. 물론 투명하면 맑고 깨끗한 무(無), 즉 티끌이 없다는 말이 떠오를 것이다. 반대로 불투명하면 더럽고 혼탁함을 떠올릴 것이다. 물론 선거나 시험에서는 투명. 즉 유리수의 개념이 더 올바르다고 생각될 것이다. 일상생활에서도 보통 그렇게 쓰이고 있다. 하지만 우리의 일상생활을 유리수와 무리수로 나누면 다른 생각을 할 수 있다.

우리의 일상생활에 유리수와 무리수의 개념을 적용시켜본다면 유리수는 정확히 떨어지는 수. 즉 계산적이고 인정이 없다고 생각 할 수 있다. 반대로 무리수는 그 끝이 명확하지 않은 수. 그 행동의 경계를 정확히 정의할 수 없는 것. 즉 베풂이나 사랑을 예로 들 수 있다. 사랑은 부모와 자식 간의 사랑, 친구간의 사랑(우정), 연인간의 사랑 등이 있는데 모든 사랑의 끝은 알 수 없다. 모든 사람들에게 물어보아도 사랑의 끝을 정확히 정의할 수는 없을 것이다. 이것은 사랑의 끝이 불투명하다는 것과 같다. 사람들은 사랑할 때 그 범위를 명확히 지정하지 않는다. 그저 자신이 줄 수 있는 모든 것을 한정 없이 주는 것이다. 또한 사랑을 받을 때에도 범위를 정해놓고 그 범위보다 덜 준다고 속상해하거나 더 준다고 기뻐하지 않는다. 그저 사랑한다는 그 이유 자체로 사람들은 행복을 느끼는 것이다.

인정이 사라지고 모든 것에 기준을 정하려는 지금 우리가 무리수를 닮은 사람이 되도록 노력해보는 것은 어떨까?

35
유리수는 무리수이다 _지상현

유리수와 무리수는 완전히 별개의 체제일까. 물론 수학적인 정의에 따라서 보자면 그렇겠지만 다른 시각으로 본다면 그렇지 않을 수도 있다. 유리수를 질서에 대응 시키고, 무리수를 무질서에 대응시켜서 생각을 해보자. 사람들은 보통 질서와 무질서가 반대되는 관계의 말이라고 생각한다. 하지만 나는 질서가 무질서의 한 부분이라고 생각한다. 이제부터 그렇게 생각한 이유를 말해 보겠다.

당신이 만약 돌멩이를 4개 쥐고 있다고 해보자. 그리고 그 돌멩이를 아무렇게나 던진다면 그것은 '무질서'한 상태로 떨어질 것이다. 그렇다면 이제 당신이 던진 그 돌멩이가 나타나는 모양을 '무질서'라 칭할 수 있을 것이다. 그런데 당신이 그 돌멩이를 수도 없이 많이 던지던 도중 엄청난 우연의 일치로 돌멩이가 정확히 일렬로 늘어섰다고 해보자. 그 돌멩이는 분명 '질서'의 형태를 띠고 있다. 당신이 '무질서'라 명명한 그 돌멩이의 모양이 '질서'의 형태를 띠게 된 것이다. 그렇다면 그것은 무질서라 불러야 하는 것일까 아니면 질서라고 불러야 하는 것일까. 아마 답은 '둘 다'일 것이다. 질서에 포함되며 무질서인 것이다.

이것을 유리수와 무리수의 개념에 대입시켜 보면 유리수가 무리수에 포함될 수도 있다는 생각이 든다. 유리수는 소수점 밑으로 일정한 숫자들이 반복되거나 유한한 숫자가 있다. 하지만 그게 정말 그 숫자가 '질서'이기 때문에 반복이 되고 또, '질서'이기 때문에 유한하게 끝을 맺은 걸까? 그렇지 않을 수도 있다. 엄청난 확률에 의해서 뒤의 숫자가 반복되게 나오고 또, 엄청난 확률에 의해서 뒤의 숫자가 모두 0이 되었기에 유리수가 된 것일 수도 있다는 말이다. 예를 들어 2.2323232323…이란 순환소수가 있다면 원래는 뒤에 숫자가 0~9까지의 숫자가 무작위로 무한히 반복되는데 무한히 반복되는 숫자가 어쩌다 보니 2와 3의 반복인 것이고, 2.23이라는 수도 2.2300000000…로 표현할 수 있는데 이것 역시 뒤에 숫자가 0~9까지 무작위로 무한히 반복되는데 그 숫자가 어쩌다 보니 0인 것일 수 있다는 것이다. 즉, (1/10) (1/10) … (1/10)의 확률이 어쩌다 보니 질서 있게 잡혀져 유리수가 되었다는 것이다. 마치 아무렇게나 던진 돌멩이가 질서 있는 모양으로 떨어지는 것처럼 말이다.

이것이 바로 내가 생각하는 유리수(질서)와 무리수(무질서)이다. 그렇다면 사람들이 무질서보다 질서에 더욱 관심을 가지는 이유는 무엇일까?

그것은 바로 질서가 '특별한 무질서'이기 때문일 것이다. 이 무질서는 특별하기 때문에 예측할 수 있다. 끝을 알 수 없는 보통의 무질서의 경우 사람들은 그 본질에 접근조차 할 수 없지만 이 '특별한 무질서'의 경우 예측을 할 수가 있다는 것이다. 예측을 할 수 있기에 끝을 알 수 있고, 끝을 알 수 있기에 우리는 편안함을 느낄 수 있다.

그렇지만 사람들의 기대를 저버리고 우리의 삶은 무질서하다. 앞을 알 수가 없고, 안개처럼 뿌옇다. 질서가 나올 확률을 기대하기에는 너무나도 변수가 많은 게 우리의 삶이다. 하지만 우리의 삶은 '어느 정도' 특별한 무질서라고 할 수 있다. 물론 유리수처럼 딱딱 정확히 예측을 할 수는 없겠지만, 개개인의 노력이나 삶의 이상향에 따라 어느 정도 까지는 예측이 가능하다는 말이다. 그렇게 무질서를 질서화 시키고, 무리수를 유리수화 시킬 수 있다.

난 노력을 통해 내 삶을 예측 불가능한 무리수에서, 유리수화 시키고 싶다.

36
배타성과 통일성 _이윤규

유리수와 무리수는 서로 모여서 실수를 이루고 이들은 서로 겹치는 부분이 없다. 이들이 서로 겹치지 않는 이유는 정의가 배타적이기 때문이다. 유리수는 서로소인 두 정수를 각각 분자, 분모(분모는 0이 될 수 없다.)로 가지는 분수로 나타낼 수 있는 수이고 무리수는 그럴 수 없는 수이면서 실수에 속하는 수이다.

이 두 관계와 비슷한 관계를 가지는 것을 물리에서 찾아보자. 물리에서는 자기쌍극자를 예로 들 수 있다. 자석에서는 N극과 S극이 있다. 그런데 이들은 꼭 같이 있어야 한다. N극과 S극은 절대로 겹칠 수는 없지만, 이들은 꼭 함께 있어야 한다. 그래서 자기를 '자기쌍극자'라고 한다. 지금은 '단극자(모노폴)'에 대한 연구도 이루어지고 있지만, 현재까지는 아직 물질 자체 내에서는 단극자가 생기는 것을 관측하지 못했다. 또한 입자성과 파동성도 이 관계와 비슷하다. 사람들은 이 두 성질이 매우 다른 성질이기 때문에 이러한 특성을 동시에 가질 수 없다고 생각했다. 하지만 결국 드브로이라는 학자에 의해 '물질파'라는 개념으로 둘은 합쳐지게 되었다. 결국 두 성질은 에너지가 진행하는 단 하나의 방식이었던 것이다. 또한 전약력과 강력의 통일도 있다. 전약력과 강력도 처음에는 다른 힘으로 알고 있었지만, 이는 하나로 통일되었다. 이들은 모두 다른 힘의 전달방식을 가질 것으로 예상되었지만, 그렇지 않았다. 그리고 더 나아가서 중력의 통일을 목표로 하고 있다. 대부분의 과학자들은, 이들이 빅뱅 후 몇 초가 지나기 전 까지는 모두 하나의 힘이었다고 생각한다. 그러니 이들은 모두 달라보여도 하나였다는 것이다.

이 세상에는 인간도 있고, 다른 동식물과 미생물들도 있다. 이들을 인간, 다른 생명체들로 나누었을 때 유리수와 무리수의 관계처럼 인간만이 이성적인 판단을 한다는 점에서는 다르지만, 모두 생명체라는 공통점이 있다. 그리고 우리는 모두 모여 하나의 자연을 이룬다. 우리는 배타적으로 보이지만 그렇지 않은 것이다. 그래서 우리는 자연을 파괴해서는 안

된다. 우리가 자연을 파괴한다면, 그것은 우리 또한 무너뜨리는 결과를 초래할 것이기 때문이다. 그렇기 때문에 우리는 조화를 이루어야 하고, 자신들만을 생각하는, 그러한 이기주의를 펼쳐서는 안 될 것이다.

나는 이 글을 쓰면서 빛의 이중성에 대해서 더 잘 파악하게 되었고, 그 개념을 더 확고하게 할 수 있어서 좋았다. 또 내가 목표로 하고 있는 초통일이론에 대해서도 다시 짚고 넘어갈 수 있어서 매우 좋은 경험이었다. 앞으로도 이러한 글들을 많이 써 보아야겠다.

37
유리수와 무리수의 바로 그 성질 _홍은영

유리수는 질서 정연하다. 무리수는 무질서하다.

우리 사회를 보면 많은 법칙들이 있다. 그리고 법칙이 있으면 예외가 있다. 항상 성립한다고 말하는 법칙도 다 '일정한 조건 아래에서'라는 말이 따라 붙을 때 성립하는 것이다. 여기서 법칙은 질서인 유리수고 예외는 무질서인 무리수로 볼 수 있다. 항상 법칙과 예외가 공존하듯이 유리수와 무리수도 함께 공존한다.

질서와 무질서가 뗄 수 없는 관계인 것처럼 유리수와 무리수 또한 마찬가지이다. 사회도 이렇게 서로를 놓을 수 없어 함께 살아가는 것 같다.

유리수는 예측가능하다. 반면 무리수는 예측불가능하다.

지구과학에 접목시켜 보자면 은하계의 질량 대부분이 은하 중심에 모여 있다고 예상하고 회전 속도-은하중심거리 예상그래프를 그린다. 만약 예상한 것이 맞다면 은하중심에서 멀어질수록 회전 속도는 작아져야 한다. 하지만 실제로는 실제속도가 예상속도보다 빠르다. 이렇게 우리가 볼 수 없는 것들은 예측불가능하다. 무리수는 직접 가봐야 뭐가 있는지를 아는 것처럼 실제 측정을 해봐야 아는 것이다. 우주에서의 암흑물질처럼 분명히 있는데 다른 것에 가려져서 보이지 않거나 우리가 아직 볼 방법을 찾지 못해 볼 수 없는 것이 많다. '무질서 속에 질서가 존재한다.'는 말이 있는 것처럼 세상은 예측가능하고 질서 정연한 것 보다 예측불가능하고 무질서한 무리수가 많은 것 같다. 무리수는 가봐야 안다. 몇 번째에 뭐가 있는지 그 끝에는 무엇이 있는지 일단 가봐야 안다.

과학자의 삶도 무리수를 따라가는 삶이 아닐까? 항상 그 끝에 무엇이 있는지 모르지만 끊임없이 생각하고, 끊임없이 예상하며, 끊임없이 틀리기를 반복하며 끝까지 가봐야 마침내 결론에 도달한다. 나도 무리수를 좇는 삶을 살고 싶다. 무리수는 신비롭다. 그래서 나는 무리수가 좋다.

38
무한한 능력의 생물과 질서적인 무생물 _최명규

우리의 지구상에는 크게 생물과 무생물로 모든 것을 판별할 수 있다. 그렇다면 유리수와 무리수를 생물과 무생물의 관계를 따져가면서 생각해보자.

생물은 세포로 이루어져있고 물질대사를 하는 존재이다. 그렇다면 사람은 역시 생물이다. 동물 또한 생물이고 식물 또한 생물이다. 그렇다면 무생물은 무엇일까? 무생물은 정확히 생물과 반대되는 의미이다. 예를 들어서 TV, 컴퓨터, 연필 등등 엄청나게 많다. 여기서 생각해 볼 수 있는 것은 '생물은 무리수적인 가치관점이 맞고 무생물은 유리수적인 가치관점이 맞느냐'는 것이다. 생물은 예측하기 힘들다. 내가 생각하는 것을 다른 사람들이 정확히 예측하지 못하듯이 우리 생물들에는 매우 많은 불규칙성이 존재한다. 또한 생물들의 잠재능력은 무한하다. 인간만을 생각해보아도 무한한 잠재능력을 가지고 있다. 반면에 무생물은 매우 규칙적인 형태를 가지고 있다. 예를 들면 TV는 방송시간에 따라 규칙적으로 방송을 진행하고 채널의 번호 또한 단순하다. 그리고 TV는 단지 시각적, 청각적인 매체에 불과한 유한한 능력을 지니고 있다. 여기서 우리가 고려해야 봐야 할 것은 바로 바이러스이다. 바이러스는 생물과 무생물의 특성을 둘 다 가지고 있는 중간체이다. 그러므로 바이러스는 유리수적인 특성과 무리수적인 특성이 공존하고 있는, 수의 개념으로는 딱히 규명하기 힘든 새로운 수의 개념이라고 생각할 수 있다. 아무튼 이를 토대로 생각해보면 생물은 무리수적 개념과 무생물은 유리수적인 개념이 일치한다. 이와 같이 우리 주변에서는 유리수와 무리수의 개념을 손쉽게 찾아낼 수 있다. 내가 위에서 쓴 것과 같이 우리는 단순한 명제 속에서도 유리수와 무리수의 수적인 가치를 알아 낼 수 있다.

이 글을 쓰면서 나의 꿈이 과연 무리수와 가까울지 아니면 유리수와 가까울지를 생각해 보았는데, 나는 아무래도 무리수적가치의 꿈이 낳을 것 같다. 왜냐하면 나는 좀 더 무한한 능력을 펼치고 아무도 예상하지 못한 것을 꿈으로 삼고 싶기 때문이다. 또한 유리수는 무리수보다 작다. 유리수를 자기 자신 그리고 무리수를 다른 사람들이라고 생각했을 때, 무리수는 내가 존재하기위한 필수적인 조건이라고 생각하기 때문이다. 즉 정리하자면 유리수와 무리수가 모여서 실수가 되고 무리수가 빠지면 유리수는 실수의 존재 비율이 낮다. 그러므로 실수를 사회라고 생각했을 때 내가 빠지면 사회가 허전함을 느끼는 그러한 꿈을 가지고 싶다.

39
외로운 리더 _최원홍

우리는 실생활에서, 다양한 길을 통해 수많은 수들과 만나게 된다. 우리에게 어중간한 기쁨을 주는 어려운 수학시간에도, 바쁘지만 똑같은 일상의 일과 시간표에서도, 길거리 차 번호판에서도, 시간을 알려주는 낡은 괘종시계에서도 우리는 많은 숫자들을 볼 수 있다. 이렇게 우리가 일상생활에서 쉽게 만날 수 있는 수들은 $\frac{q}{p}$라는 일정한 형식을 지닌 유리수라고 할 수 있다. 그리고 이와 달리 실생활에서는 잘 보기 힘들지만 잘 찾아보면 매우 많은 부분을 차지하고 있는 무리수라는 부분도 있다.

그런데 여러분은 우리가 살고 있는 이 세상도 모두 수들의 자잘한 조합의 향연에 의해 만들어졌다는 것을 알고 있는가? 우리의 몸 안에 들어가 보자. 소화기관들과 호흡기관, 수많은 효소들과 호르몬들이 바삐 움직이는 것이 보이는가? 모두 무질서하게 움직이고 있는 것 같지만 다 몸의 항상성을 맞추기 위해 일정한 패턴을 가지고 움직이고 있다. 혈액과 조직 사이에서는 산소와 이산화탄소가 서로의 분압을 일정하게 맞추고 있고, 체온과 몸의 pH, 삼투압을 일정하게 유지시키기 위해 수많은 기관이 열심히 일하고 있다. 그러나 이 불규칙적인 모든 작용을 수치적으로 분석해보면, 일정한 숫자를 맞추기 위한 신체의 규칙적인 운동이라고 볼 수 있다. 즉, 우리 몸 안에서 불규칙적으로 움직이고 있는 기관들과 세포들의 작용은 우리가 예측하기 힘든 무리수의 개념이지만, 결국 그것은 유리수로 구성된 일정한 틀을 맞추기 위한 작은 움직임들일 뿐이라는 것이다. 수학 시간에는 원래 유리수가 무리수에 비교도 안될 만큼 작은 부분을 차지하고 있다고 배운다. 그러나 이러한 측면에서 본다면 무리수로 유리수를 구성할 수 있다는 것이라고도 볼 수 있다.

이것을 다른 시선으로 바라보면 어떨까? 한 변이 1인 정사각형을 생각하자. 정삭각형을 가로로 반으로 나누는 선을 유리수라고 하면 유리수를 볼 수 있는가? 이 상황에서 사회 구성원 전체와는 비교도 안될 만큼 적은 숫자의 리더들이 수많은 사회 구성원들을 이끌고 가는 모습이 보이지 않는가? 차지하는 부분은 매우 적지만 다수를 이끄는 소수의 힘찬 도약이 보이는가? 그렇다. 리더는 외롭다. 자신을 포함해 수많은 사람들을 이끌어야 하는 리더는 외롭다. 하지만 이러한 고통을 이겨내고 우뚝 설 수 있어야 하는 것이 리더다. 이 글을 읽는 여러분 모두 외로울 수 있지만 강인한 리더가 될 수 있기를 바란다.

40
알고 싶은데, 정~말 알고 싶은데, 어떻게 알 방법이 없네… _함길완

유리수란 우리들이 생각하기 쉽고 예측이 가능한 수라고 생각하자. 무리수란 우리들이 생각하기 어렵고 예측이 불가능한 수라고 생각하자. 사람들이 살아가는 일상생활은 언제 어디서 어떤 일이 벌어질지 아무도 모른다. 지금 이 순간에도 어떤 이는 간발의 차로 생명을 잃을 수도 있고 또 구할 수도 있다. 어떤 이는 순간의 판단으로 인생이 성공의 길로 접어들 수 있고, 한 순간에 인생이 실패의 나락으로 떨어질 수도 있다. 대자연속의 지진, 태풍, 화산폭발 등의 자연재해와 우리가 알지 못하는 미지의 세계. 금성, 화성을 비롯한 태양계의 행성들, 안드로메다은하를 비롯한 외부 우주공간과 블랙홀, 웜홀, 암흑에너지와 같이 인류가 도달하지 못하고 알 수 없는 우주. 우주가 형성될 때 시간이 0.0000000000001초라도 달라졌다면 지구의 생명체가, 지구가, 태양계가, 우리 은하가, 우주가 존재할 수 없거나 다른 형태로 존재 했을 것이다. 내가 좋아하는 야구의 관점에서 바라보자.

포수와 투수의 공 선택 하나하나, 감독의 라인업 구성, 선수의 주루판단, 수비위치 판단 등 세세한 부분의 차이에서 승부가 결정된다. 위와 같은 예를 한번 보자, 모두 예측이 불가능한 일이기 때문에 무리수의 성질을 가지고 있다고 생각해 볼 수 있다.

예측을 하고 있는 날씨. 인류가 완벽히 이겨낸 천연두와 이겨낼 수 있는 암을 비롯한 여러 질병들. 뉴턴의 운동 법칙과 같이 현실에서 많이 쓰이는 여러 가지 물리 법칙들. 이것들은 잘 알려져 있고, 예측이 가능한 일로써 유리수의 성질을 가지고 있다고 생각해 볼 수 있다. 그러나 날씨는 예보와 어긋나기 일쑤이다. 질병은 언제 어느 때에 치명적인 돌연변이를 일으켜 인류를 괴멸시킬 수도 있다. 그리고 뉴턴의 운동법칙은 우주로 나가게 되면 적용이 되지 않는다. 아무리 인류가 예측 할 수 있다 해도 어느 순간에는 예측이 빗나가기 마련이다.

이와 같이 우리가 살아가는 세계는 유리수 즉 예측이 가능한 세계 보다는 무리수 즉 예측이 불가능해서 언제 어디서 어떤 일이 어떻게 일어날지 모르는 세계라고 생각한다. 하지만 이러한 생각조차 완전하지 않은 인간에게서 나온 생각이다. 그렇기 때문에 신이 컨트롤하고 있는 세상은 (신이 존재한다면) 오직 신 밖에 모르는 것이다. 혹은 이세상은 우리 인간이 짐작하고 있는 세상일 수 도 있고, 완전한 유리수의 세상이지만 아직 인간의 지식이 미약하여 우리가 이해하고 있지 못한 것일 수도 있다. 그렇기 때문에 인간이 끊임없이 우주선을 쏘아올리고, 지구 곳곳을 탐사하고, 어떤 일이던지 예측해서 모든 것을 알고 싶어 하는 것은 아닐까?

41
'나눔'은 정말 더치페이? _오혜수

'더치페이'

급박한 사회와 현실이 만들어낸 안타까운 단어다. 정량화된 삶 속에서 재고 따지는 과정을 반복해온 우리들은 '나눔'이라는 단어를 혼동하는 것 같다.

'나누다'

하면 무슨 생각이 떠오르는가? 흔히 $\frac{a}{b}$(b는 0이 아닌 수)의 형태로 표시할 수 있는 수인 유리수적인 나눔을 떠올리기 마련이다. 우리 생활에서 가장 많이 적용시키는 예로 더치페이를 들 수 있다. 비용을 각자 서로 부담한다는 것을 이르는 말, 더치페이. 물론 어느 관점에서 본다면 굉장히 좋은 문화이다. 하지만 이렇게 생각한다면 어떤가? "이번에 사줘서 고맙다. 내가 다음에 한 턱 쏠게."라고 말하면 이미 다음의 만남을 기약하는 것이다. 그러나 더치페이로 끝낸다면 그 자리에서 모든 게 끝난다는 느낌을 받게 된다. 계산적으로, 개인적으로 서로의 득실 없이, 아쉬움도 없이 모든 것을 끝내는 일. 여러분도 이런 나눔을 원하는가?

이번에는 무리수적인 나눔을 생각해보자. $\frac{a}{b}$꼴로 나타낼 수는 없지만 충분히 나눌 수 있다. 물론 돈이나 개수같이 직접 셀 수는 없지만 기쁨, 슬픔, 즐거움과 같은 마음들을 서로 나눈다고 생각하면 어떤가? '$\sqrt{2}$'를 '$\sqrt{2}$'로 나누면 1이 되는 것처럼 답을 알 수 없는 무리수와 같은 마음을 딱딱한 숫자가 아닌 따뜻한 마음으로 나누면 유리수와 같은 답이 나온다는 사실을 기억하자. 기쁨을 나누면 배가되고 슬픔을 나누면 반이 된다는 말은 익히 들어보았을 것이다. 이 말은 단순한 말장난이 아니다. 마음을 마음으로 받아들여 나누게 되면 '함께'가 된다는, '함께'라는 말 속에서 나올 수 있는 현실이자, 답이다.

'나누다.'

이제 무슨 생각이 떠오르는가? 입가에 미소가 번진다면 당신은 충분히 '나눔'의 의미를 이해한 것이다. 이제 실천할 일만 남아있다. 힘들어하는 친구 곁에서 '어떻게 하지?' 생각하고 답만 찾을 게 아니라 마음으로 고민을 들어주고 '함께' 해준다면 당신은 충분히 그 친구에게 답을 준 것이다.

"무리수를 나누자. 그리고 나가자. 세상 밖으로…."

42
유리수 그리고 무리수 _배상현

나는 이번 글에서 유리수와 무리수에 대한 내 생각을 적을 것이다.

일단 유리수와 무리수를 구분해보면 유리수는 끝이 존재하거나 아니면 소수부분이 순환되는 수이다. 하지만 무리수는 반대로 끝이 존재하지 않고 소수부분이 뒤죽박죽으로 엉켜있어서 그 끝을 알 수 없는 수이다. 따라서 유리수 + 무리수 = 실수이다.

유리수는 $\frac{a}{b}$(a와 b는 서로소인 정수)라고 정의되며 정수의 개념에서 조금 더 발전한 형태라고 할 수 있다. 그렇기 때문에 유리수를 생각해 내서 수체계를 발전시키는 것은 별 문제없을 듯싶다. 하지만 궁금한 점은 '무리수를 사람들이 어떻게 알 수 있게 되었을까?' 라는 생각이다. 무리수는 사람들이 피타고라스의 정리를 이용하게 되면서 한 변의 길이가 1인 정사각형의 대각선을 길이를 구함으로 알게 되었다고 한다. 그러나 이 말에서 또 궁금한 것이 생긴다. 무리수가 끝이 없으면 그 길이를 선(즉 대각선)으로 표현한다는 것은 불가능하지 않을까? 만약 끝이 없다면 계속해서 조금씩 아주 조금씩이라도 커질 테고, 그러면 무리수는 계속 커지는 무한이라는 수인가? 만약 무리수가 무한이라면 선으로 표현이 불가능 하지 않을까? 그러나 선으로 표현을 했다는 것은 그 끝이 있기 때문에 그릴 수 있다는 것 아닐까? 아니면 그 커지는 양이 너무나도 미세해서 선으로 나타낼 때 무시해 버리는 건가? 정말 내 머리로는 상상할 수도 없이 수는 복잡하다.

반면 유리수는 끝이 존재 한다. 즉 길이로도 나타낼 수 있고 보고 쉽게 이해 할 수 있다. 그래서 유리수는 완벽하다고 할 수 있다.

이런 두 상반 되는 수 체계를 합해서 실수라는 하나의 완벽한 수 체계를 만들다니… 정말 수학자들은 대단한 듯싶다. 정말로 수학이란 것은 대단하고 애매하고 끝이 없는 무리수 같은 학문인 것 같다.

43
우리들의 사회 _유성현

수의 체계에서 막대한 영향을 끼치는 실수는 크게 유리수와 무리수로 분류할 수 있다. 유리수는 실수의 부분집합이며 무리수 또한 실수의 부분집합이다. 다만 차이는 유리수 같은 경우에는 소수로 나타냈을 때 무한히 나아가지 않는다는 것이고, 무리수는 무한히 나아간다는 것이다.

즉, 해석하자면 유리수는 일종에 정해진 틀이 있고 무리수는 정해진 틀이 없다는 것이다.

우리의 삶, 특히 꿈과 야망을 가지고 있어야 할 청소년들의 삶에서 유리수 무리수 개념을 적용시켜 보자. 사회를 실수의 개념으로 본다면, 크게 유리수라는 사회와 무리수라는 사회에서 살아가고 있을 것이다. 앞에서 말했듯이 유리수는 정해진 틀이 있고 무리수는 정해진 틀이 없다고 생각할 수 있다. 현실에 이러한 사회를 대응시킨다면, 우리 대다수는 '유리수'라는 사회에서 살고 있다. 이 사회에서는 유리수와 같은 사고를 하기 마련이다. 즉 우리는 정해진 틀 안에서 형식적으로, 마치 닫힌 사고를 하고 있다. 하지만 우리들은 생각하지 않는다. 한정된 유리수 집합도, 불규칙적인 무리수라는 집합과 같이 같은 실수의 부분집합이라는 것을… 우리 대다수는 한정된 유리수 적 사고를 한다, 마치 사회가 우리 개개인을 막는다는 생각에 더욱 창의적 생각을 하지 못하고 자기 합리화를 해 버린다. 우리는 보통 유리수라는 '정해진 틀' 안에서 마지막 숫자(한계)까지 와서 좌절하고 만다. '유리수'라는 사회에서 '무리수'라는 사회로 확장시킬 생각을 하지 않고 말이다.

한 예를 들면, 올 들어 카이스트에서 4명의 학생이 스스로 목숨을 끊었다. 그들은 왜 목숨을 끊었을까? 등록금제, 여러 대인관계문제 등이 제기 되고 있지만 나는 그들이 과학도의 길을 걸으면서 정해진 틀 안의 '유리수' 사회에서 '무리수'적 사회로 발전되지 못했기 때문이라고 생각한다. 학생이 자살을 한 것은 유감이지만 '학생들이 유리수 사회를 확장시켜 무리수 사회로 발전시켰다면 과연 자살이라는 극단적인 선택을 했을까?'라는 의문을 조심스레 던져본다.

44

무질서 속의 질서, 질서 속의 무질서 _이재림

사람들이 생각하는 유리수와 무리수의 개념이다.

우리나라에는 사계절이 있다. 봄에는 따뜻하고 꽃이 피며, 여름은 찌는 듯한 더위와 퍼붓는 소나기, 가을에는 낙엽이 떨어지고 선선한 바람이 불며, 겨울에는 매서운 칼바람이 불고 간혹 눈이 내리기도 한다. 요즘 들어 기상이변이 심해지면서 의심받기는 하지만 어느 계절을 말하면 사람들이 흔히 갖는 생각임에 틀림없을 것이다. 그렇다면 사람들은 이런 사실들을 어떻게 알게 된 것일까? 딱히 수업시간에 선생님의 말씀을 귀담아 들었다고 알게 되는 것은 아닐 것이다. 그렇다고 개개인이 모두 1년을 주기로 관측한 데이터를 모으는 것은 더더욱 아닐 것이다. 이로써, 우리는 날씨는 규칙적이라고 생각할 수 있다. 보통 모두들 날씨가 규칙적인 것에 동의할 것이다.

예로부터 우리의 조상들은 날씨를 신의 영역으로 생각했다. 분명 봄, 여름, 가을, 겨울, 오늘 날보다도 더 뚜렷한 계절의 경계를 갖고 있었고, 오히려 기상이변도 적었을 텐데 말이다. 물론, 현재 또한 날씨를 우리들 마음대로 정할 수 있는 것은 아니다.

자, 이 글을 보는 당신은 날씨를 질서라 칭할 것인가, 무질서라 칭할 것인가, 유리수라 말할 것인가, 아니면 무리수라 말할 것인가?

이 생각을 일상으로 끌어와 보자. 당신은 친구와 약속을 했고 당신과 친구 모두 약속시간을 잘 지켜 정확히 약속한 시간에 만났다. 이것은 어찌 보면 바람직한 유리수에 해당하는 것이 맞겠다. 그러나 당신과 친구가 만나게 된 것이 당연한 것일까. 사건 사고가 빈번한 요즘. 둘 중 하나, 또는 둘 다 사건사고에 관련될 확률이 안전하게 약속 장소에 나올 확률보다 훨씬 높다는 것은 조금만 생각해 보아도 알 수 있다. 그 중 안전하게 약속 장소에 나온다는 선택지가 뽑힌 것은 1/4의 확률로 정확히 나누어떨어지는 것으로 보이지만, 이것은 다트까지 핀을 던질 능력은 있으나 조준하지 않는(또는 못하는) 사람에게 핀을 쥐어주는 것과 같은 것이다. 그렇다면 결과는 아무도 예상하지 못하는 것이 아닐까?

다르게 생각해 보았다. 3.141592…는 π라는 근원이 있다. 이처럼 무리수 또한 근원을 갖는다. 또 한없이 가다보면 어디선가는 분명 반복되는 곳이 있으리라. 내가 말하고 싶은 것은 언제나 예외는 있다는 것, 무질서 속의 질서, 질서 속의 무질서이다. 즉, 모든 현상을 유리수와 무리수로 나눌 수 있겠지만 그것이 언제나 진리인 것은 아니라는 것이다.

지구과학선생님과 인터뷰 중 선생님께 선생님이 생각하는 과학이란 무엇인가를 여쭤 보았었다. 이에 선생님은 "과학은 자연현상을 이해하는 방법에 대해 탐구하는 것"이라고 대답하셨다.

즉, 우리는 언제나 자연현상에 대해 스스로 의문을 가지며 정확한 데이터를 얻기 위해 탐구에 탐구를 계속할 것이라는 것이다. 사람들은 수학 또는 과학이라 하면 대부분이 정확히 떨어지는 무언가를 생각할 것이다. 그러나 언제나 정확한 값을 얻기에는 우리 인간이란 존재가 한없이 부정확하다. 따라서 나는 무리수를 우리의 삶이라, 유리수란 다다를 수 없는 꿈, 이상… 판도라의 상자 가장 밑 부분에 남아있는 희망이라 말하고 싶다.

45

질서와 무질서 _양수현

유리수와 무리수는 세상에 실제로 존재하는 수인 실수를 이루는 두 집단이다. 유리수의 특징은 예측가능하며 규칙적이라는 것이고, '순환하지 않는 무한소수' 정의에서 볼 수 있듯이 무리수의 특징은 유리수와는 반대로 불규칙적이며 일정한 규칙 없이 그 값이 끝없이 이어진다는 것이다.

먼저 화학에서 유리수의 특징을 갖는 예를 찾아보면, 원자들의 배열을 생각해 볼 수 있다. 원자들의 배열은 비록 눈으로 직접 관찰하기는 힘들지만, 나름대로의 규칙과 질서를 가지고 있다. 우리가 잘 알고 있는 염화나트륨(NaCl)의 경우에는, Na^+이온 옆에 Cl^-이온이 오는 형태로 이온들이 규칙적으로 배열되어 있으며, 만약 이온들이 결합하고 있는 층이 밀리면 반발력이 발생하여 이 질서가 깨지게 되므로 결정이 잘 부서진다.

또 다른 예로는 우리가 속해 있는 우주인 태양계를 들 수 있다. 물론 태양계에 존재하는 것 중에서 우리가 예측할 수 없는 불규칙한 운동을 하는 것들도 있겠지만, 우리가 알고 있는 많은 천체들은 케플러의 법칙과 같이 질서에 따라 움직이고, 나름대로의 조화를 이루며 존재하고 있다. 또한 우리는 우주에서 일어나는 일식, 월식 등의 천체 현상이 언제 일어날 것인지, 어느 지역에서 잘 관찰할 수 있는지 등을 예측할 수 있고, 탐사선을 통해 행성들의 모습을 관측하거나 그 행성의 생명체 존재 여부를 예상할 수도 있다.

그렇다면 무리수와 같은 특징을 갖는 것에는 무엇이 있을까? 화학에서 말하는 엔트로피라는 개념이 한 예가 될 수 있다. 엔트로피는 '무질서도'라고도 불리며, 경우의 수라고 생각할 수도 있다. 어떤 화학 반응이 일어나서 분자의 수가 증가하고 기체가 발생했다면, 이 반응을 통해 엔트로피가 증가한 것이다. 여러 가지 화학반응과 우리 주변의 현상들은 모두 엔트로피가 증가하는 방향으로 진행되려고 하는 경향이 있다. 예를 들어 방청소를 하면 한동안은 깨끗하게 유지되지만 점점 시간이 지날수록 청소를 하기 전처럼 어질러진다. 이것도 엔트로피라고 하는 무질서도가 증가한 것으로 생각할 수 있다.

과학과 관련된 예는 아니지만, 사람의 감정도 무리수와 같다는 생각이 든다. 사람들이 순간순간마다 어떤 감정을 느끼고 어떤 생각을 하는지는 아무런 규칙 없이 반복되는 무리수와 같이 예측할 수 없기 때문이다. 만약 사람 마음이라는 게 유리수처럼 예측가능하다면 여러 가지 갈등과 싸움이 발생하지 않을 것이다. 하지만 그렇지 않기 때문에 우리는 일상생활에서 여러 가지 갈등과 마찰을 겪는다.

유리수만으로는 실수를 나타내는 수직선을 모두 채울 수 없으며, 마찬가지로 무리수만으로도 수직선을 모두 채울 수 없다. 즉 유리수와 무리수는 함께 존재해야 실수라는 커다란 수의 집단을 이룰 수 있다. 실수와 허수가 모여 복소수를 이루듯이, 유리수와 무리수도 함께 존재하며 조화를 이루는 것이다. 마찬가지로 우리 주변에서도 유리수의 특성을 갖는 것들과 무리수의 특성을 갖는 것들이 서로를 보완하고 함께 존재하면서 더 큰 세상을 만들어나간다. 수가 가지는 조화와 질서가 우리가 사는 세상에서도 그대로 적용되고 있는 것이 아닐까?

46
세어지니? 안 세어지니? 신기하지 않니? _남종석

유리수가 보통 셀 수 있는 수를 의미한다고 가정하자. 또 무리수는 보통 셀 수 없는 수를 의미한다고 가정하자. 내 전공은 화학이다. 화학에서 자주 사용되는 큰 수는 아보가드로수로 6.02×10^{23}를 의미한다. 조금 더 정확한 값은 6.02214179×10^{23}이다. 이는 우리가 계산하는 근삿값인 6.02×10^{23}과 차이가 무려 0.00214179×10^{23} 즉, 2.14179×10^{20}이 난다. 그렇다면 이 2.14179×10^{20}개의 원자는 어디로 간 것일까? 이것에 대해서 조금 더 생각해보자.

결국 우리가 자주 사용하는 수인 6.02×10^{23}개는 세는 수. 즉, 우리가 셀 수 있다고 판단하는 수인 유리수가 되며, 나머지 2.14179×10^{20}개의 세지 않은 원자들은 우리가 셀 수 없다고 판단하는 수인 무리수가 된다. 이것은 근삿값과 관련이 있는데, 결국 근삿값에서 반올림 되거나, 버리거나, 올려 계산하지 못한 부분은 이미 사라져서 셀 수 없으므로, 무리수의 개념으로 바라본다는 것이다.

이번엔 에너지 관점에서 바라보자. 물체의 무질서도를 나타내는 엔트로피와 물체 내부에너지를 말하는 엔탈피. 결론부터 말하자면 나는 각각을 무리수, 유리수라고 나타내었다. 엔탈피는 물체 내부에너지의 변화량을 측정하면 되니까, 셀 수 있는 수. 즉, 유리수가 된다는 것이 자명하다. 엔트로피는 어떨까? 엔트로피 역시 단위가 있으며, 측정값 또한 나타낼 수 있다.

그런데도 불구하고 내가 엔트로피를 무리수로 선택한 이유는 엔트로피 자체가 무질서함을 나타내는 값이기 때문이다. 무질서도? 과연 계산할 수 있는 것일까? 일단 엔트로피의 값은 열량을 온도로 나눈 값으로 정의한다. 이런 것으로 봐서는 엔트로피를 계산 할 수는 있다. 다만, 나는 이런 엔트로피를 다른 개념으로 바라본 것뿐이다. 위에처럼 생각을 한다면 엔트로피는 유리수의 개념일 수밖에 없다. 수치가 무엇인지 알 수 있고, 셀 수도 있기에 내가 생각해 놓은 유리수의 개념과 정확하게 일치한다. 그러나 나는 엔트로피를 확률적인 계산으로 바라보았다.

생각해보자. 꽃가루를 뜨거운 물 위에 올려놓으면 신기하게도 꽃가루는 제멋대로 움직인다. 만약 꽃가루가 5개 있다고 생각해보자. 그러면 그 꽃가루 5개는 뜨거운 물 위에서 무질서하게 움직일 것이다. 물의 표면이 원모양이라고 생각하고, 좌표계로 생각해보자. 그 원의 좌표위에 있는 점 하나가 꽃가루가 되는 것인데, 이를 확률적으로 계산해보자. 일단 꽃가루의 면적은 0에 한없이 가깝다고 가정을 해보자. 그렇게 되면 물의 면적에 대한 꽃가루의 비율은 0은 아니지만, 어떠한 수보다도 작은, 즉. 셀 수 없는 수의 개념이 된다. 그러므로 엔트로피는 무리수이다.

지금까지 화학에 유리수와 무리수를 접목한 나의 생각이었다.

47
위대한 생명체 속의 수 _신재혁

생물분야와 관련지어 생각해 보자. 유리수의 종류 중에는 자연수, 정수, 유리수, 무한소수중 순환소수가 있다. 생명현상 중에 체세포 분열이 있는데 이 체세포 분열은 간기, 전기, 중기, 후기, 말기로 나누어진다. 간기에는 체세포분열을 위한 준비기간으로써 세포의 핵막에 인이 사라지고, 전기에는 염색사가 염색체가 된다. 중기에는 가운데에 염색체가 방추사로 인해 위치하고 후기와 말기를 거치며 염색체가 세포판이나 세포질 함몰을 통해 2개의 세포로 분열하게 된다. 이런 과정이 순환되는데 이렇게 순환되는 메커니즘을 가지는 것을 유리수의 순환소수와 매치(Match)가 된다는 것을 통해 유리수의 개념이라 생각한다.

우리 생물 자체가 무리수라고도 할 수 있다. 우리 인간의 하나의 개체 각각이 모두 다르면서도 우리가 구성원으로서 전체 사회를 이끌어간다. 사람뿐만 아니라 생물체 내에서 활동하는 세균, 병균 또한 각각의 개체마다 다른 DNA 또는 RNA 구조를 가진다. 그런 각각의 개체들이 모여서 하나의 집합을 만들듯 수학에서도 특별한 무리수가 유리수의 사이를 채우면서 수의 집합을 만드는 것이다.

다른 전공에서 생각할 수 있는 유리수와 무리수의 개념을 살펴보자.

화학에서 화학식량을 구할 때면 항상 원자들이 일정한 비율로 즉, 일정한 질량비와 일정한 부피비로 반응을 진행하기 때문에 각각의 반응물질의 질량, 부피, 생성물질의 질량, 부피를 알 수 있다. 이런 유리수적인 개념을 통한 일정한 비율을 가지는 화학식이야말로 화학에서의 유리수의 개념이라 할 수 있다.

물리는 실제 모든 물질과 물체들의 성질에 관한 학문이므로, 만약 무리수의 개념이 존재하지 않는다면 실수의 세계인 현재 세계에서 유리수의 세계만으로는 모든 물질의 표현이 가능하지 않다. 예를 들어 물리에서 벡터의 합이 나오는데 두 벡터의 힘이 같더라도 그 각이 90°라면 무리수의 개념을 도입하여야 한다. 도입하지 못한다면 벡터의 합이 더 작거나 더 크게 되며 이는 실제 운동에서 큰 오차를 범할 수가 있다. 따라서 물리에서 무리수의 개념은 없어서는 안 될 존재라고 할 수 있다.

자신의 삶 속에서, 친구들과의 관계 속, 학교생활에서 생각할 수 있는 유리수와 무리수의 개념을 살펴보자. 내 자신의 삶 속에서 모든 생활은 유리수와 무리수의 혼합이라 할 수 있다. 예를 들어 시간 같은 경우는 유리수를 사용하여 정량화되어 우리에게 신속한 정보를 제공한다. 그리고 선생님께서 우리에게 내주시는 과제 같은 경우에는 유리수와 무리수의 개념이 공존한다고 할 수 있다.

일단 주당 과제 수는 유리수로 표현 가능하다. 그러나 과제를 시작할 때 아무 것도 없던 무, 즉 알 수 없는 무리수라 할 수 있다. 그리고 생각의 질서가 잡히면 결국 우리가 잘 표현하고 잘 해독할 수 있는 유리수처럼 풀어헤치게 된다. 또 다른 예로는 우리가 흔히 가능성이 적은 일을 할 때 "그런 것은 무리수"라고 말하는 것이다. 무리수는 유리수의 공간을 메 꾸어 주는 존재라 할 수 있다. 무리수의 존재를 무시한다면 우리의 생활은 어느 것을 표현하지 못하는 답답함을 느낄 것이다. 친구들과의 관계 속에서도 답답한 감정이 느껴질 때면 "내가 우리의 관계 중에서 유리수의 개념만을 추구하고 있구나"라는 생각이 들 것이다.

48
내가 예측할 수 없는 것. 미래 _서준용

유리수는 고대 그리스에서 Logos 즉 진리, 이성, 그리고 질서라고 불렸다. 그리고 피타고라스학파에서는 유리수를 로고스라 부르고 유리수 이외의 수는 모두 배제했다고 한다. 이때 유리수가 아닌 것(무리수)을 Alogos라 칭하며 '입에 담지 못할 수'라 불렀다고 한다. 하지만 알로고스라 불리게 된 무리수의 성질, 즉 무질서한 것은 우리의 현실과 밀접한 관계가 있다고 할 수 있다.

우리가 현실을 보는 관점을 생각해보자. 현실과 과거, 즉 이미 지나온 것들의 역사는 충분히 말하고 되풀이 할 수 있다. 그러나 미래를 말하는 것은 너무 어려운 일이다. 무리수를 소수로 표현하면 당연히 불규칙적인 무한소수가 된다. 그리고 시간이 경과하는 것을 무한소수의 소수점 아래로 지나는 것이라 가정해보자. 그리고 현재 우리가 n번째 소수점 아래 자릿수를 지나고 있다고 한다면 과연 $n+1$번째 자릿수를 예측할 수 있을까? 만약 이 수가 유리수라면 그리 어렵지 않을 것이다. 하지만 우리가 살고 있는 일상은 불규칙하다는 점에서 무리수와 동일하다. 그렇다면 무리수의 n번째 자릿수를 지나고 있을 때 $n+1$번째 자릿수를 예측할 수 있을까? 그렇다. 우리는 그 자리에 어떠한 숫자가 있는지 예측할 수 없다. 직접 그 자리로 가서 무슨 숫자가 있는지 확인할 때, 즉 그 시간이 되었을 때 비로소 그 자리에 무슨 숫자가 있는지, 그 시각에 무슨 일이 일어나는지 알 수 있다. 그런 점에서 나는 미래를 예측한 다는 것은 단편적인 규칙을 가지고 끼워 맞추는 것이지 아무도 정확하게 미래를 예측할 수 없다는 생각이 든다.

그리고 나는 이러한 불가능한 현실이 무리수를 유리수화 시키는 과정에서 생겨난 오류라고 본다. 앞에서 우리의 일상은 무리수와 같다고 언급한바 있다. 그리고 무리수는 그 자체만으로 값이 있는 것이지 소수로 나타내면 그 값을 절대 정확하게 정의할 수 없다. 그런 의미에서 무리수를 유리수화, 즉 소수화 시키는 과정은 마치 절대 권력을 가진 신 앞에서 인간이 그 신의 발톱 성분을 파악하려고 발버둥 치는 것과 같다. 그리고 이는 아까 언급했던 미래를 예측하는 것은 불가능하다와 일맥상통한다. 정확하게 나타낼 수 없는 무리수를 소수화 시키려 했기 때문에 $n+1$번째 자릿수는 예측할 수 없는 것이다.

나는 지금 이 글을 쓰면서 일전에 배웠던 초기조건의 민감성도 생각이 났다. 마치 무리수의 소수점 아랫자리수를 예측 못하는 것이 초기조건에 의해 브라운운동과 같이 불규칙하게 변하는 결과와 같이 느껴졌기 때문이다.

부디 이 글을 읽는 사람들이 미래를 예측하는데 헛된 시간을 쏟지 않았으면 하는 바람이다.

물에 비친 그림자를 본다
그림자는 사라진다

푸른 하늘을 본다
나의 모습을 새겨본다

수학이란 것
물에 비쳐 보고 싶고
푸른 하늘에 새겨 보고 싶다

수학이면서
수학이 아닌 것

느낌이 있는 수학을 통해 세상에 다가서고 싶다

실수와 허수로 이웃을 보다

PART 2

01
컴퓨터 _방현웅

우리의 삶에 있어서 컴퓨터는 이미 빼놓을 수 없다. 단순 문서작성부터 제 2의 삶 가상공간까지, 모두다 컴퓨터로 이루어진다. 개인 컴퓨터 하나 없으면 살 수 없는 이 세상에서, 사실 컴퓨터의 구조와 원리를 이해하는 사람은 많지 않다. 컴퓨터는 Binary Digit로 이루어진다. 하나의 Binary Digit가 전류의 흐름으로 0 또는 1을 나타낸다. Instruction은 실제로 존재하고 눈에 보이며, 직접 치기도 한다.

그와 반대로, Instruction가 Compiler로 변역되고 또다시 Assembler로 변환되어 생긴 Binary Digit는 눈에 보이지 않는다. 그러나 실제로 존재는 하며, Binary Digit가 연산되어 이루어지는 application은 또 눈에 보인다. 실수와 허수도 마찬가지다. 둘 다 분명 존재 하지만, 실수는 보이고 허수는 보이지 않는다. 실수의 연산으로 허수가 될 수도 있으며, 허수의 연산으로 실수가 될 수도 있다.

혹시 천공카드라고 아는가? 컴퓨터의 0과 1을 종이에 직접 표연한 오래전의 저장도구이다. 종이에 직접 표현하여 눈으로도 0과 1을 알아볼 수 있다. 그러나 지금은 사용하지 않는다. 지금은 Flash Memory를 사용한다. 수많은 반도체에 전기적 방법으로 기록을 함으로써, 그가 구성된 파일이 존재하지만 실제로 전기적 흐름과 신호가 보이지는 않는다. 어떤 방식으로 전기가 흐르는 것을 보이게 한다고 해도, 그것은 전기가 흐르는 걸 표시하는 것이 보인다는 거지, 전기가 흐르는 게 보인다는 것은 아니다. i가 그렇다. 사실 i는 허수가 아니다. 허수를 표시하는 것이다. 우리는 계산하기 편하게 저렇게 쓰는 것뿐이다.

컴퓨터가 수학자가 개발한 것이고, 수학을 하기위해 만들어진 것이기 때문에, 컴퓨터는 곧 수학의 집합체이다. 컴퓨터에서 실수와 허수의 관계를 찾는 것은 매우 쉽고, 당연하다. 그렇다고 컴퓨터를 잘하면 수학을 잘한다는 것은 아니다. 그건 나를 보아도 그렇다.

지금까지 컴퓨터로 보는 실수와 허수를 생각해보았다. 생각보다 찾기 쉬웠고, 허수에 대해 좀 더 깊은 생각을 가지게 되었다.

02
각이 없는 다각형은? _이창석

글을 쓰기에 앞서 수수께끼를 내겠다.

"각이 존재하지 않는 다각형은?"

인터넷을 찾아봐도 나오지 않는 직접 만든 창의적인 문제이다. 많은 답을 생각해봤겠지만 모두 틀렸을 것이라고 생각한다. 정답은 허각형(참고로 허각은 케이블채널에서 방송했던 슈퍼스타K2의 우승자이다. 그의 노래 실력도 대단하지만 그의 형으로 알려진 '허공'도 대단한 가창력을 갖고 있어 많은 사람들은 놀라게 한 일이 있다.)이다. '왜 허각형이 각이 없는 다각형일까' 라는 의문을 가질 것이다. '허각형'의 첫 글자인 '허'는 '허수'의 '허'와 관련이 있다. 즉, 실제로 존재하지 않는다는 의미이다. 이렇게 실제로는 존재하지 않는다는 특징을 가진 '허수'와 그 반대 개념인 '실수'에 대해서 알아보자.

허수란 실수로는 나타낼 수 없는 이차방정식의 근을 나타내기 위하여 수의 개념을 확장하여 도입한 것으로, 제곱하여 음수가 되는 수를 의미한다. 위에서 허수를 존재하지 않는 수라고 표현했다. 아마 대소를 구별할 수 없다는 특징 때문일 것이다. 하지만 허수를 존재하게 만드는 방법이 있다. 복소평면이라고 해서 x축은 실수축, y축은 허수축으로 하여 실제로도 사용된다. 허수처럼 존재에 대해서 논하기 힘든 것을 우리 주위에서 찾아보자.

신은 누군가에게는 존재하고 누군가에게는 존재하지 않는다. 감히 내가 신의 존재를 논하기는 조심스럽지만 난 신을 믿지 않는다. 존재하지 않는다고 믿는다. 아직 신의 존재가 증명된 바가 없는 것으로 안다. 물론 내 생각이 틀린 것일 수도 있다. 오랜 시간동안 증명되지 않다가 기하적인 방법으로 실체가 증명된 허수처럼 신의 실체가 증명된다면 그때서야 비로소 신의 존재를 믿을 수 있을 것 같다. 옛 사람들도 허수를 존재하지 않는 수라고 믿어왔을 것이다. 증명으로써의 존재가 아닌 믿음으로써의 존재는 존재라고 할 수 없다. 그것은 믿음이고 신앙일 뿐이다. 허수는 신앙이 아니다. 그 실체가 존재한다.

03
필수적인 허수 _전주형

나는 실수와 허수를 우리의 삶과 비교하여 생각해 보려고 한다. 실수와 허수는 수라는 관점에서는 같을 수도 있다. 그러나 삶에서 비교하면 대조되는 성질이 있다. 우선 실수는 실제로 존재하는 수로 눈에 보이는 수이다. 즉 확인을 할 수 있다는 것이다. 그러나 허수는 수이긴 수지만 가상에만 존재하는 수로, 있다는 것은 알지만 눈으로 직접 확인을 할 수 없는 수이다.

실수에는 예측할 수 있는 여러 가지 물리법칙들이나 화학실험을 통한 화학현상들이 있다. 그에 비해 엄청나게 많은 예측할 수 없는, 말하자면 무리수에 속하는 많은 한계가 있다. 날씨나 우리에게 앞으로 일어날 일 등이 이에 속한다. 그러나 허수는 이렇게 보고 확인할 수 없는 존재이다. 블랙홀이나 암흑물질도 있지만 추상적인 것도 있다. 몇몇은 블랙홀이나 암흑물질은 있다고 주장한다.

그러나 우리가 직접 확인 할 수는 없는 존재이다. 또한 허수에는 추상적인 것도 포함한다. 예를 들어 사랑, 창조, 생각 등이다. 엔트로피의 법칙 또한 그렇다.

그 누가 우주의 에너지를 계산하여 그 에너지가 일정하게 보존된다는 것을 증명해 보일 수 있겠는가. 어떻게 생각해 보면 실수보다 훨씬 기본적이며 필수적인 것들이다. 옛날 사람들은 허수 없이 어떻게 살았는지 모른다. 겉으로는 아무 표시가 없지만 존재의 여부를 모른다면 삶에 엄청난 악영향을 끼칠 것이다. 그러나 너무 많아도 악영향을 끼치기는 마찬가지이다. 그런 추상적인 것들이 너무 많게 되면 우리는 그것이 있다는 것만 알지 실제로 확인 할 수 없으니 결국 의심을 하게 되고 자기만의 사고에 빠질 수도 있다.

아직도 우리가 모르는 허수가 분명 존재할 것이다. 초능력자나 외계인같이. 이런 것들이 바로 허수가 무한하다는 것을 보여주는 것 같다. 그러나 허수 또한 점차 실수로 바뀔 수 있다. 지금은 존재한다고 믿고 눈으로 확인을 할 수 없었지만 후에 존재여부를 확인하여 증명할 만큼 발전할 수도 있기 때문이다. 외계인도 지금은 허수에 속한다고 생각한다. 그러나 더 발전하여 외계인의 존재를 증명하게 된다면 실수로 변하는 셈이 된다.

허수가 없으면 불편한 점이 많다. 그렇다고 허수가 너무 많아도 혼란이 온다. 우리는 그런 허수를 더 많이 찾아서 상식이나 삶의 질을 개선할 필요도 있지만 그 허수를 실수로 바꾸어 혼란을 가라앉힐 필요도 있다고 생각한다.

04
삶의 존재성 _양세린

삶이란 살아있는 것을 말한다. 확장해서 말하자면 삶은 개개인의 입장에서 보면 인생이라고 볼 수 있고 더 확장하자면 그것은 개개인이 지금하고 있는 행동, 그를 삶이라고 칭할 수 있다. 당신은 당신의 삶에 어떠한 가치를 부여하였는가? 그것은 우리가 정확히 무엇이라고 말 할 수 있는가? 인생에 의미를 부여하는 것은 그에 가치를 부여함과 다를 바가 없다.

인생은 무엇인가? 존재하는 것인가? 존재하지 않는 것인가?

존재한다. 우리가 살아가는 그 모든 것, 그것은 인생이다. 내가 하는 어떠한 행동들이, 내가 하는 모든 말들이, 또 내가하는 모든 행동들이 우리에게 시각적으로 후각적으로, 때로는 촉각적으로 존재한다. 우리가 직접적으로 느낄 수 있기에 그것은 존재한다고 볼 수 있다.

또한 존재하지 않는다. 인생이라는 것은 우리가 정의하여 만들어진 단어일 뿐이다. 이것은 딱 떨어지지 않고, 사람의 개개인에 따라서 그의 가치가 존재 할 수도 존재하지 않을 수도 있는 것이다.

이것을 실수와 허수의 개념에서 대입해보면 삶은 실수일수도 허수일수도 있다. 실수와 허수는 존재 하는가, 존재하지 않는가에 따라 구분한다. 실수와 허수를 구분하는 기준은 과연 뚜렷한 것인가? 우리는 실수와 허수를 구분하기 이전에 그에 대한 기준이 합당한가를 살펴봐야 할 것이다.

실수와 허수를 구별하는 기준은 사실 부정확하다. 존재하지 않는가와 존재하는가를 구분하는 기준이 무엇인지조차 확실하지 않다. 실수라는 것의 측면에서 보면 허수를 정의하기 어렵고 허수의 측면에서도 실수를 정의하기 힘들다. 이처럼 실수와 허수는 공존하면서도 공존하지 않는다.

따라서 삶이란 것도 존재하면서 존재하지 않는다.

05
땅콩과 실수와 허수 _김건우

〈나는 생각한다, 고로 나는 존재한다.〉

프랑스의 철학자 르네 데카르트(Rene Descartes)의 말이다. 이 말에서 생각과 존재의 관계를 알 수 있다. 존재의 뜻은 현실에 실제로 있거나 또는 그러한 대상을 일컫는 말이다. 여기에 '생각'이라는 단어를 추가하여 뜻을 '인간이 생각하는 모든 것은 존재한다, 다만 그 생각이 한정될 뿐이다.'라고 새롭게 만들고 싶다.

수는 많은 가지를 쳐 나간다. 자연수, 정수, 유리수, 무리수, 실수, 허수, 복소수… 정수는 음이 아닌 정수, 0, 음인 정수, 유리수는 분수, 소수, 소수는 순환하는 소수와 순환하지 않는 소수… 등으로 나가고 정의 내려진다.

유리수와 무리수는 예측가능과 불가능으로 나눌 수 있다. 그렇다면 실수와 허수는 어떨까?

실수는 유리수와 무리수를 통틀어 이르는 말로, 사칙연산이 가능하고, 양수·음수·0의 구분이 있으며, 크기의 차례가 있는 수. 세상에 '나'가 볼 수 있고 보이는 모든 것들을 실수라고 비유할 수 있다. 우리가 생각하고 보이는 것들을 모두 실수라고 할 수 있다. 꽃, 시계, 옷, 컴퓨터, 휴대전화, 마우스, 책, 생물, 동물과 식물 모든 것들은 실수라고 할 수 있는 것이다.

허수는 실수가 아닌 복소수이다. 순허수의 경우는 제곱하여 음수가 되는 수이다. 실수가 존재하는 것이라면 허수는 반대로 존재하지 않는 것이라고 할 수 있다. 인간의 정신, 사고의 과정, 어떤 진리나 사실의 본질 등을 허수라고 할 수 있다. 인간의 정신. 생각해 보면 존재한다고 생각할 수 있다. 하지만 보이지 않기에 존재하지 않는다고 말 한 것이다. 우리의 사고의 과정, 어떤 진리나 사실의 본질 또한 생각을 함으로써 있는 것이다. 그러나 보이지 않기에 존재한다고 할 수 없는 것이다.

우리는 이 세상에 살고 있다. 그리고 우리는 생각함으로써 존재한다. 다시 말하면 인간의 삶 자체는 실수라고 할 수 있다. 그런데 그 실수 안에는 실수를 생각해 내기까지의 과정이나 생각이 존재한다. 이런 과정이나 생각들은 허수의 삶이다. 우리는 허수라는 속에 실수라는 껍데기를 감싸고 있는 듯하다. 마치 땅콩의 형상처럼 말이다.

06
조화의 아름다움 _이현주

세상에는 많은 것이 존재한다. 존재란 무엇일까? 일반적으로는 존재를 볼 수 있거나, 들을 수 있거나, 만질 수 있는, 즉 우리의 오감을 사용해서 느낄 수 있는 것을 존재한다고 한다. 이 글을 쓰는 나도 존재하고, 내가 타이핑을 하고 있는 이 노트북도 존재하며, 이 글을 읽고 있는 당신도 존재한다. 하지만 존재를 단순히 느낄 수 있는 것이라고 정의하는 것은 문제가 있다. 그렇다면 사람과 사람 사이의 감정—사랑, 우정, 미움—은 존재하지 않는다는 것인가? 우리가 매일매일 느끼는 감정은 실제로는 존재하지 않는다는 것일까? 이는 조금은 다른, 별개의 문제이다. 이를 수학을 통해 살펴보자.

수학에서는 크게 복소수를 실수와 허수로 나눈다. 실수는 실제로 존재하는 수이다. 실제로 보고 만지고 느낄 수 있는 수이다. 음수는 비록 실제로 볼 수도 만질 수도 없지만, 빚이 있는 사람을 통해 간접적으로 그 존재를 느낄 수는 있기 때문에 실수이다. 다음으로 허수는, 말 그대로 실제로 존재하지 않는 수이다. 정확히는 제곱해서 음수가 되는 수를 뜻하는데, 이는 실수와는 다르게 볼 수도 만질 수도 느낄 수도 없다. 어떠한 방법으로도 그 존재를 증명해 낼 수 없다.

나는 이것이 맨 처음 내가 말했던 실제 세계와 매우 비슷하다고 생각한다. 실수는 보이고 만져지는 모든 것이다. 나와, 이 노트북과, 이 주변의 모든 사물은 실수이다. 허수는 보고 만질 수는 없지만 어딘가에는 있는 것이다. 어머니의 사랑과 친구간의 우정, 사제 간의 믿음 등이 그에 해당한다.

분명 허수는 실제로는 존재하지 않는다. 알 수는 없지만 어딘가에 존재하는, 가상적인 수일뿐이다. 그러나 이러한 허수가 없다면 수학적 체계는 완성될 수 없다. 이 세상에 실수만 가득하다면 세상은 차가워 질 것이다. 그렇다고 허수만 존재한다면, 이는 있을 수 없는 세상일 것이다. 보이는 실수와, 보이지 않는 허수가 모두 있기에 이 세상이 존재한다고 생각한다.

우리가 살고 있는 세상의 아름다움은, 실수와 허수, 존재와 존재하지 않는 것의 조화에서 비롯된다.

07
imaginary number… 가상의 수, 허수 _이주현

유리수와 무리수가 예측할 수 있느냐 없느냐의 차이였다면 실수[real number]와 허수[imaginary number]는 존재 하느냐 존재하지 않느냐에 대한 차이를 가지고 있다.

세상에 존재한다는 것, 실수적인 개념은 우리 눈앞에 있는 모든 것들이라고 간단하게 정의할 수 있다. 그렇다면 세상에 존재하지 않는 것은 어떤 것들이 있을까?

대표적으로 전향력과 원심력이 있다. 전향력이란 원심력과 마찬가지로 회전하는 물체 위에서 그 운동을 보는 경우에 나타나는 가상적인 힘이고, 원심력이란 원운동을 하고 있는 물체에 나타나는 관성력으로 구심력과 크기가 같고 방향은 반대이며, 원의 중심에서 멀어지려는 방향으로 작용하는 힘이다.

분명히 무슨 힘이 작용하였지만 실제로는 존재하지 않는 가상의 힘, 바로 허수적인 개념들이다. 세상에는 여러 가지 현상들 중에서 원인을 규명할 수 없는 허수적인 것, 존재하지 않지만 존재하는 것들이 수없이 많이 존재한다.

미시세계에서는 좀 전에 사라졌던 입자들이 다시 생기는 등의 서로 다른 차원을 잇는 통로 같은 것이 없었다면 일어날 수 없는 일들이 일어난다고 한다. 이것은 실제로 존재하지 않는 웜홀이 만들어 지게 된 현상이기도 하다. 이렇듯 사람들은 증명할 수 없는 일이나 현상들을 존재하지 않는 것을 만들어 냄으로써 문제를 해결하려고 한다. 허수적인 개념들이 탄생하는 이유라고 할 수 있다.

수학적인 예를 들어보자면 복소수 i를 볼 수 있을 것이다. 복소수는 허수의 대표라고 할 수 있다. 복소수 i는 제곱 했을 때 -1이 나오는 수로, 존재하지 않는 수이다. 하지만 수학적으로 i는 여러 방면에서 편리함을 준다. i가 없으면 간단히 구하지 못하는 식이 너무도 많다.

허수라는 것… 실제로 존재하지는 않지만, 실제 존재하는 다른 것들과 대등한 관계를 갖고 우리 주변에 항상 존재하고 있다는 생각이 든다.

08
삶에서의 실수와 허수 _박기현

유리수와 무리수에 이어서 이번엔 실수와 허수에 대해 생각해 보려 한다. 실수와 허수 역시 수학적 성질에 따라 두 가지로 구분할 수 있다. 머릿속으로 생각이 가능하고 눈에 보이는 실수는 눈에 보이는 개념으로, 또 그렇지 못한 허수는 보이지 않는 개념으로 정의내릴 수 있다. 이제 이에 따라서 여러 세상의 일들을 구분해 보려고 한다.

실수는 눈에 보이는 개념이다. 따라서 눈에 보이는 현상을 관찰하는 생물학의 대부분은 실수에 속한다고 할 수 있다. 진화나 항상성 유지 같은 애매한 개념들도 분자 수준에서 들여다보면 검증할 수 있다. 만약 살아있는 몸에 아무런 영향도 주지 않고 모든 부분을 아주 자세히 볼 수 있는 엄청난 능력을 가진 현미경이 나온다면 그러한 현상들을 볼 수 있다. 하지만 유리수와 무리수에서 말했듯이 볼 수는 있지만 예측할 수는 없다. 또한 다른 분야에서도 이렇게 눈에 보이는 개념들이 있다. 각종 화학반응, 거시세계에서의 물리법칙, 또 기상학이나 지구과학의 많은 부분도 실제로 보이는 것이 그 예이다.

그렇다면 허수에는 어떤 것들이 속할까? 허수는 눈에 보이지 않는 개념이다. 따라서 실제로 존재하는 건 맞지만 볼 수는 없는 것들, 예를 들면 블랙홀이나 암흑 물질의 존재가 허수에 속한다. 또 아직 검증되지는 않았지만 초끈이론이나 중력자 같은 것들도 허수 범위에 속한다고 생각할 수 있다.

유리수와 무리수, 실수와 허수에 대해 생각해 보았는데, 세상의 많은 부분에 이러한 개념들을 적용시킬 수 있었다. 앞으로 이들을 더욱 연관지어 생각할 수 있는 능력을 길러 세상을 살아가는 데 있어 더 큰 힘이 될 수 있도록 해야겠다.

09

표현 _백승주

보통 실수는 실제로 존재하는 수를 말한다. 유리수와 무리수는 모두 실수의 집합 안에 존재한다. 따라서 예측할 수 있거나 없거나 모두 실제로 일어나는 일이라고 할 수 있다. 그렇다면 그의 반대되는 의미로 사용되는 허수는 실제로 존재하지 않는 수일까?

실수는 real number라고 한다. 그리고 실제로 존재하는 것처럼 보인다. 나도, 나를 둘러싼 모든 것들을 내가 실제로 볼 수 있고 만져볼 수 있으며 그로써 간단히 존재한다는 것을 알 수 있다. 이렇게 보면 세상은 실수라고 할 수 있다. 그렇다면 허수는 어디에 있을까? 허수가 정말로 존재하지 않는다고 생각하진 않는다. 우선 허수는 '허수'라는 이름을 가지고 있다. 그리고 그 '허수'에 관한 정의도 있고 고등학생 정도만 되더라도 흔히 들어볼 수 있다. 실제로 존재하지도 않는 무엇인가를 가지고 하는 행동이라고 하기에는 조금 구체적이지 않은가.

그러면 허수는 어디에 있을까? 수학책을 보면 흔히 i를 허수라고 한다. 그러나 책속의 i는 분명히 존재한다. 내가 눈으로 볼 수 있고 알 수 있다. 생각해보자. i는 분명히 허수이다. 허수를 나타내기 위해 만들었고 허수를 의미한다. 그러나 책에 쓰여 있는 i는 분명 실제로 존재하므로 실수이다. 책에서는 i를 형상화 시켜준 것이다. 그렇다면 i는 책 속이 아니라 생각 속에 있을 때 허수라고 할 수 있다. 생각 속에 있다면 일단 i는 분명히 어딘가 존재한다. 그러나 볼 수 없고, 정확히 어디있는지도 알 수 없다. 생각할 수 있지만 정확히 알 수 없는 것이다. 그래서 허수를 imaginary number라고 한다.

화학에는 '이상기체'라는 것이 존재한다. 말 그대로 이상적인 기체이다. 어디에 있는지 정확히 알 수 없고, 그저 생각만 할 뿐이다. 당연히 허수라고 볼 수 있다. 그러나 직접 이상기체에 대해서 생각해본 적 없는 우리가 이상기체에 대해서 알 수 있는 것은, 표현되어 있기 때문이다. 표현되어 있기 때문에 우리가 알 수 있는 실수처럼 된 것이다. 마찬가지로 우리의 생각도 감정도 모두 표현이 가능하다. 다른 사람이 볼 때 존재한다고 확신할 수 없지만, 표현되었을 때 비로소 다른 사람들도 알 수 있다.

세상은 분명 실수로 이루어져 있는 것 같다. 하지만 눈에 보이는 것이 전부가 아니다. 사람의 생각도 감정도 알 수 없지만, 분명히 존재하는 허수 또한 이 세상을 구성하고 있는 건 확실하다. 보이지 않는 많은 것들 때문에 힘들고 어려울 때도 있다. 그러면 허수를 '표현'해보는 건 어떨까. 실수에 가깝게 또는 실수처럼 허수를 표현해준다면 세상이 좀 더 편해지지 않을까?

10
조금 더 넓은 생각 _도하림

실수란 말 그대로 실제로 존재하는 수로, 유리수와 무리수를 포함한다. 실수는 크기를 비교할 수 있으며, 실제로 수직선상에 나타낼 수도 있다. 반면 허수는 중학교 때 이차방정식의 판별식이 0 미만일 때 '해가 없다'로 배운 것을 '해가 있다'로 바꾸기 위한 수다. 다시 말해 실제로 '존재하지 않는 수'를 '존재하도록 만들어준 수'이다. 크기도 비교할 수 없으며 수직선에 i축을 새로 만들었을 때에만 나타낼 수 있다.

그럼 과연 과학, 또는 일상생활에서 허수는 존재하지 않을까? 그렇지 않다. 단지 보이지 않는 것일 뿐이다. 예를 들어 물리에서 보이지 않는 것에는 중력자가 있다. 중력자란 '중력적 상호작용에서 교환하는 가상적인 입자 또는 에너지 양자'이다.

'광속도로 움직이고 정지질량과 전하는 없으며 스핀은 2라고 예측하고 있으나 아직 관측된 바는 없다고 한다.'라는 말처럼 '아직 관측된 바는 없지만' 질량을 가지고 있는 물체가 서로 중력자를 교환함으로써 중력이 작용된다고 여기고 있다.

물론 물리뿐만 아니라 다른 곳에서도 아직 관측이 되지 않았으나 존재한다고 추정되는 것들이 많다. 예를 들면 지구과학의 암흑물질같이 '존재는 하지만 충분한 질량을 갖고 있지 않으며, 관측되지 않는 물질'이 존재한다. 화학에서는 전자를 들 수 있다. 현재는 원자수준 밖에 볼 수 없지만, 전자가 존재한다는 것은 여러 실험을 통해 정설로 받아들여지고 있다.

일상생활에서는 '신'을 예로 들 수 있다. 신을 본 사람은 몇 되지 않지만 많은 사람들이 신을 믿고 신에게 의지한다. 물론 신이 존재하는가에 대한 생각은 사람마다 다를 수 있지만, 신을 볼 수 없음에도 불구하고 신의 이름 그 자체가 우리 인류의 생활사에 지대한 영향을 끼쳤다고 볼 수 있다.

이처럼 허수는 보이지 않음에도 존재한다고 할 수 있는 수이다. 마치 중력자가 중력을 만들어내고(논란이 있기는 하지만) 암흑물질 때문에 케플러의 법칙이 성립하지 않게 된 것과 같다. 비록 허수는 실수와 달리 크기를 비교할 수 없고, 1차원의 수직선에서 나타낼 수도 없다. 하지만 2차원으로 바꾼 평면에서는 표현할 수 있다. 이렇듯 우리가 조금 더 고차원적인 넓은 생각과 마음을 가지고 본다면, 분명 볼 수 없었던 것을 볼 수 있게 될 것이다.

11
‘존재한다’와 ‘존재하지 않는다’의 차이 _김원회

이번에는 저번에 생각해 보았던 유리수와 무리수의 개념을 보다 더 확장시켜서 허수와 실수에 대해 생각해 보았다.

내 전공인 생물에서는 실수의 개념을 가진 것, 즉 실제로 존재하는 것은 많지 않은 것 같다. 비록 우리의 몸과 생명체를 구성하고 있는 것들, 세포 DNA, RNA, 호르몬 등은 모두 실수의 개념을 가진 것들이라고 볼 수 있겠지만 그 외의 것들은 허수의 개념을 가진, 즉 존재하지 않는 것들이 대부분인 것 같다. 대표적으로 진화론과 같이, 존재하지만 우리가 정확하게 증명 할 수 없는 것들이 많이 있다.

이외에 화학에서 보자면 옥텟이라 부르는 전자껍질 또한 존재하지 않는 것이다. 하지만 허수와 마찬가지로 이것조차 없으면 설명이 불가능한 것들이 많이 있고, 그렇기에 사용되고 있다. 지구과학에서 우리 지구의 내부를 살펴보면 지각 맨틀 외핵 내핵으로 나누는데 지각과 맨틀까지는 그렇다 하더라도 외핵과 내핵은 파로만 분석하여 추측 할 뿐 직접 실체를 확인한 것이 아니므로 직접 확인하기 전 까지는 허수라고 볼 수 있을 것 같다.

물리에서는 실제로 작용하는 힘인 알짜 힘은 실제로는 없는 힘이므로 허수의 개념으로 볼 수 있고, 중력과 같이 실제로 존재하는 힘들을 실수의 개념으로 볼 수 있다.

우주는 팽창하고 있다고 하는데 그럼 팽창을 하기위해서 필요한 공간은 과연 무엇일까? 우리는 그 공간을 보통 무의 공간이라고 하는데 그곳에는 우주도 뭐도 존재하지 않는다. 하지만 우주는 그곳으로 팽창을 하고 그러면 다시 그 무의 공간에는 공간이 생기게 된다. 그러면 이 우주 밖의 무의 공간은 허수라고 할 수 있지 않을까 하는 생각이 든다.

우리의 일상생활에서는 친구와 친구사이, 가족과 나 사이처럼 사람과 사람사이에 존재하는 말로 표현 할 수 없는 그 무엇인가도 허수라고 할 수 있을 것 같다. 존재는 하지만 실체하지는 않는 것, 수학의 허수처럼 우리가 아는 실수로 표현할 수 없는 것이 아닌가 싶다.

12
보이지 않는 인간관계 _정지현

실수와 허수의 구분을 위해 우리는 '보인다.'와 '보이지 않는다.'의 개념을 생각해 볼 수 있다. 실수는 물건의 개수, 어떤 것이 존재하고 있다는 것처럼 직접 확인할 수 있는 것, 어떤 일이 일어나고 있다는 사실 그 자체라고 할 수 있다. 허수는 보이지 않는 것, 정신이나 사고과정처럼 분명히 알 수 없는 것, 학문에서 분명하게 밝혀지지 않은 것 등이라고 할 수 있다.

우리 생활에서 실수와 허수의 개념을 생각해보면 우리가 대화하는 상황에서 찾아 볼 수 있다. 대화하는 상황 속에서 실수란 겉으로 드러나는 말과 행동이라고 할 수 있고, 허수는 그 속에 포함된 속뜻이라고 할 수 있다. 우리는 대화를 할 때 표정이나 말투, 몸짓 등으로 말과는 다른 내용을 실어 상대방에게 보내기도 한다. 겉으로는 고맙다고 말하면서 원망을 가득 실어 말하기도 하고, 겉으로는 싫다고 이야기 하며 은근히 바라는 듯 한 인상을 주기도 한다. 반대로 자신보다 높은 지위의 사람이 무언가 부탁했을 때 싫어도 좋다고 대답하며 싫은 내색을 피하기도 한다. 대화 속에 포함된 진실은 알 듯 하면서도 모르고, 감이 잡히다가도 알고 나면 다르다는 사실을 깨닫게 되는 허수와도 같다.

허수의 다른 예를 보자면 사람들 사이에서의 보이지 않는 관계가 있다. 겉으로는 화기애애해 보이는 집단에서도 보이지 않는 배척이 있고, 보이지 않는 끈으로 묶여진 소집단이 존재한다. 그 집단에서 적응하기 위한 구성원의 사투도 또한 허수의 개념이 될 수 있을 것이다. 밖으로는 아무 걱정 없어 보이는 어린 소녀에게도 속으로는 곪을 대로 곪아 감각마저 무뎌진 아픈 고민거리가 있고, '세상의 중심은 나야'라고 생각할 것 같이 보이는 사람에게도 인간관계에서 느끼는 어려움은 있다.

겉으로는 완벽하게 보이는 공부 잘하는 그들에게도 나름의 속사정은 있는 법이다.

이런 식으로 허수를 실생활에 적용시키면 너무나도 다양하게 활용될 수 있다. 허수는 수학을 배울 때만 보는 개념이지만, 이렇게 실생활에 적용시킨다면 얼마든지 가깝게 다가갈 수 있는 개념인 것 같다.

13
보이는 왼손, 보이지 않는 오른손 _박상준

지금으로부터 2주전, 수학 시간에 선생님께서 절댓값 부분을 가르쳐 주시면서 실수와 허수에 대한 수업을 하신 적이 있다. 수학에만 존재하는 줄 알았던 실수와 허수를 과학이나 실생활에 적용시켜 보는 수업이었다. 실수와 허수에 대해서 간단히 설명하면, 눈에 보이는 것은 실수로, 눈에 보이지 않는 것은 허수라 볼 수 있다. '그럴 것 같고 실제로 그러한 것'을 실수적이라 하고, '그럴 것 같은데, 확실히는 모르는 것'들을 허수적이라 한다고 생각하면 이해하기가 조금 더 쉬울 것이다.

예를 들어 얼마 전, 우리나라 옆 이웃 동네가 크나 큰 상처를 입는 사건이 발생했다. 9.0의 강진이 발생하여 밀려 온 쓰나미를 시작으로 수차례의 여진으로 인한 피해들이 결코 가볍지 않아, 지금도 사태를 막는 데만 온 신경을 쏟을 뿐, 복구를 시작조차 하지 못했다고 한다. 특히 후쿠시마 원전이 파괴되어 방사능이 유출되었고, 그 방사능이 우리나라에까지 날아오는 상황이 되어 버렸다. 이 사건의 시초는 서로 다른 지각 판들의 충돌인데, 두 지각판이 충돌하면서 어긋나고, 그로 인해 단층이 생겨나면서 쓰나미가 몰려 온 것으로 보고 있다.

여기에서 두 지각판이 충돌하면서 방출된 힘은 실수적 요소 중 하나이다. 또, 그 힘으로 인해 생긴 일본 동북부의 피해와 주변 나라들의 방사능 피해 우려 등도 실수적 요소 중 하나이다. 하지만 엄청난 피해로 인해 피폐해진 사람들의 마음은 허수적 요소이다. 두 지각판이 충돌하면서 힘이 방출되어 실제로 일본 동북부에 큰 타격을 주었으니 그것은 실수적 요소이고, 그로 인해 피폐해진 사람들의 '마음'은 상당히 서글프고 우울한 마음일 것 같으나 확실히는 모르므로 허수적 요소라는 것이다.

지구의 내부에서뿐만 아니라 지구 밖으로 나가서도 실수적 요소와 허수적 요소는 존재한다. 나의 관심 분야와 관련지어보면 블랙홀과 암흑물질을 예로 들 수 있다. 블랙홀은 엄청난 중력으로 빛까지도 빨아들이는 천체로서, 여러 별들의 빛으로 밝게 빛나는 천체 사진들 중 텅 비어 있는 곳을 보고 '블랙홀이라는 천체가 존재할 것 같다'라고 생각하였다. 그리고 실제로 X선에 의해서 관측이 되었으므로 실수적 요소라고 볼 수 있다.

이와는 다르게 암흑 물질은 등가속도 운동을 하며 지금 이 순간에도 커지고 있는 우주를 움직이는 근원을 말하는데, 짐작만 할뿐 정확히는 모르고 있는 천체이다. 따라서 암흑 물질은 허수적 요소로서 받아들여질 수 있다. 그렇다면 실수적인 body를 가지고 허수적인 Think와 mind, feel을 지니고 있는 인간을 진정한 수의 전체집합이라 할 수 있는 것이 아닐까?

14
Thinking makes imaginary things real _정택일

우리가 세상을 판단 할 수 있는 기준을 볼 수 있는 것들과 볼 수 없는 것들로 나눌 수가 있다. 그것을 만약에 수의 세계에서 바라본다면, 아마 실수와 허수로 나눌 수 있을 것이다. 보이는 것들은 실수라고 하고 안 보이는 것들은 허수라고 볼 수가 있다.

나의 전공 분야인 물리의 관점에서 바라보면 존재하지만 보지 못하는 것들이 상당히 많다. 볼 수 있는 것에는 번개, LCD, LED조명에서 나오는 빛 등이 있고, 볼 수 없는 것들에는 힘, 속도, 속력, 질량, 길이, 부피, 밀도, 무게, 표면적, 온도, 시간, 에너지 등이 있다.

더욱더 확장해 나가서 보이는 것들은 질량이 있는 모든 물체라고 할 수 있다. 눈에는 보이지 않는 분자들이 무한히 모여가지고 우리 눈에 보이게 된다. 생명체들은 대부분 보이는 것들이고 또한 행성, 별 등도 볼 수가 있다. 볼 수 없는 것들은 크게 두 가지로 나뉜다. 맨눈으로는 안보이지만 어떤 기구를 이용하면 보이는 것들, 아예 볼 수가 없는 것들. 전자의 경우에 해당하는 것들에는 보자균, 바이러스 오비탈, 은하 등등 이 있고, 후자의 경우에 해당하는 것들에는 지구 내부의 구조, 행성 별들의 질량 같은 것 등이 있다. 보이지 않는 것들을 통해서 21세기의 기술이 중세시대 보다 발전하였다. 다시 말하자면 허수가 있었기에 실수라는 개념이 더욱 팽창 할 수 있었다는 것이다.

우리들의 삶에 있는 허수로는 우리들의 생각, 사고, 과정 등이 있다고 생각한다. 분명히 이 모든 것들은 존재하지만 보이지는 않는다. 결과물에 대해 생각해보면 결과들은 눈에 보이는 실수이다. 결과를 중시하는 우리의 사회에서도 과정 등을 중시해야 한다고 생각한다. 실수에게는 없는 허수만의 특별한 점이 있다. 실수는 어떻게 해도 실수에 남아 있게 되지만, 허수는 허수의 상태로도 유지 할 수가 있지만, 실수로도 바뀔 수 있다는 것이다. 그래서 눈에 보이기만 하는 실수뿐만 아니라 허수에 대해서도 존중하고, 같이 발전해 나가는 형식이면 좋겠다.

15
실수, 눈에 보이는 무한성, 허수, 눈에 보이지 않는 무한성 _이선용

허수란 물리에 있어서 눈에 보이지는 않고 추상적인 개념만을 가진 에너지와 같다. 반면, 실수란 물리에 있어서 눈에 보이고 만져지는 질량과 같다. 상보성을 이용하여 설명하자면 허수란 우리 눈으로 직접 에너지의 전달을 볼 수 없는 파동성과 눈으로 볼 수 있는 입자성이라고 할 수 있다. 또한 허수와 실수는 원심력, 구심력과 같다. 또한 허수는 블랙홀에 의한 쌍둥이별과 같다. 쌍둥이별은 블랙홀에 의한 허상이기 때문이다. 그리고 허수는 우주의 탄생과 같다. 우주의 탄생시간을 물리학자들이 계산 해보면 말 그대로 우주의 탄생 자체가 허수의 시간에서나 가능하다고 하다. 즉 우주의 탄생은 완전히 허수인 것이다.

화학에서 허수란 이상기체라고 할 수 있다. 생각으로는 특정한 조건을 만족시키지만 실제적으로 존재하지 않기 때문이다. 반대로 현실에 존재하는 기체는 실수라고 할 수 있다.

생물에서 허수란 존재하는 모든 법칙과 같다. 왜냐하면 생물에서는 법칙이 실제로 만지거나 할 수는 없지만 존재하기 때문이다.

지구과학에서는 허수가 궤도와 같다. 궤도는 눈에 보이거나 하지는 않지만 실제적으로 존재하기 때문이다.

실수란 학교생활에 있어서 벌점이나 상점과 같다. 왜냐하면 실제적으로 존재하며 나에게 영향을 주기 때문이다. 그리고 성적도 실수라 표현할 수 있다.

친구관계에서는 눈에 보이지는 않지만 우리들을 묶어주는 우정이 허수와 같다. 실수란 물리적인 도움이다.

삶에서는 생각이 허수이다. 그리고 내가 가지고 있는 육체가 실수라고 할 수 있다. 크게는 그렇게 보인다. 하지만 무엇보다도 우리가 살아가고 있는 우주 자체가 허수이자 실수이다. 우주는 존재하는 듯 존재하지 않고, 우주는 또한 존재하기 때문이다. 이런 게 러셀의 역설이고 이게 바로 카오스다.

16
보이지 않는 세계 _신준석

우리는 우리가 보고 느끼는 것이 이 세계의 모든 것이라고 생각한다. 과연 우리가 보고 느낄 수 없는 것이 존재할까? 혹은 존재한다고 말할 수 있을까?

우리가 정의하는 것들 중에는 눈에 보이지 않거나 느끼지 못하는 것들이 있다. 예를 들어 물리에서 말하는 원심력은 실제로 힘이 바깥쪽으로 작용하는 것이 아니다. 우리가 돌려지는 관점에서 원운동을 할 수 있도록 안쪽으로 잡아당겨주는 구심력이 작용하지 않는다면, 밖으로 튕겨나가는 것같이 느껴지기 때문에 생각하는 가상의 힘이라고 할 수 있다. 또, 전향력에 대해 살펴보자. 이는 지구가 자전하기 때문에 생기는 현상인데 사실 그런 힘은 실제로 작용하지 않는다. 우리가 지구의 자전을 느끼지 못하고 우리가 정지해있다고 느끼기 때문에 상대적인 관점에서 그것을 정의한 것이다.

물리에 가상의 힘이 있다면 수학에는 허수가 있다. 우리가 생각할 수 있는 모든 실수는 제곱하면 음수가 되지 않는다. 그러나 제곱근에 대해 정의하고 생각하면서 허수를 정의한 것이다. 이처럼 우리가 보지 못하거나 느끼지 못하는 것은 필요에 의해 정의한 것이다. 하지만 이런 것들을 정의하고 연구하면 결국 우리가 보고 느끼는 것과 관련이 있다는 것을 알 수 있다. 그것들 나름대로의 가치가 있는 것이다. 화학이나 물리 등 여러 학문에서 보이지 않거나 느끼지 못하는 것들을 정의하고 연구하는 것을 보면 보이지 않는 세계도 생각할 필요가 있다는 것을 느낄 수 있다.

결국 진리는 우리의 세계뿐만 아니라 보이지 않는 세계에도 숨어있다. 가상의 힘이나 허수도 연구가치가 있는 것이고 그것들의 세계에 대해 더 알아낼 수도 있을 것이다. 그러다 보면 언젠가는 4차원 시공간 등, 보이지 않는 세계를 경험할 수 있지 않을까? 또 그것들과는 다른 차원의 또 다른 세계를 발견하며 우리의 우주가 전부가 아니라는 것을 깨달을 날이 오지 않을까? 그것은 모든 인류의 숙제이며 진리를 탐구하는 전 세계 학자들의 몫이다.

17
실수와 허수는 과연 다를까? _이정호

실수는 유리수와 무리수 전체를 총칭하여 확장한 수이다. 그리고 실제로 존재하는 수라고 말할 수 있다. 그에 반해 허수는 실제로 존재하지 않고 우리의 상상 속에서 존재하는 수라고 할 수 있다.

나의 전공인 화학과 관련하여 생각해보자. 화학에서는 볼 수 있는 것과 볼 수 없는 것이 많다. 또한 볼 수 있는 것과 볼 수 없는 것 사이를 이동한 것도 있다. 예를 들어 원자의 경우 예전에는 볼 생각을 하지 못하고 상상만으로 생각할 수 있었다. 그러나 현재에는 STM(주사형 터널 현미경), AFM(원자력 현미경)을 이용하여 원자의 배열상태를 직접 보는 것이

가능해졌다. 과거에는 대표적으로 마하(Ernst Mach, 1838-1916)라는 물리학자가 원자의 존재를 거부했다. 경험적으로 증명할 수 없는 개념을 적극 반대했기 때문이다. 그러나 그가 현재의 현미경으로 원자를 본다면 어떤 생각이 들지 궁금하다. 이렇듯이 볼 수 없는 것에서 볼 수 있는 것으로 이동한 것이 있다. 이렇게 이동한 것으로 보아 실수와 허수의 관계 사이도 충분히 이동할 수 있다고 생각한다.

우리가 허수를 보자면 제곱하여 -1이 되는 수를 i라고 한다. 따라서 우리들은 이런 수는 없다고 생각한다. 실제로 볼 수 없기 때문이다. 우리는 i라는 수를 실제로 존재하지 않고 상상 속에서 존재하는 수라고 생각한다. 그러나 먼 훗날에 이것이 어떤 경우에선 실제로 존재할 수도 있다.

지구라는 공간에서가 아닌 우주의 공간이나 우리가 모르는 공간으로 간다면 실수는 존재할 수도 있다고 생각한다. 따라서 허수와 실수는 서로 반대 개념이 아닌 어떤 무언가로 연결되어 있다고 할 수 있을 것 같다. 연결되어 있기 때문에 우리의 생각 속에서 실제로 존재하지 않다고 생각하던 원자의 경우가 실제로 존재하게 되고, 다른 것도 이와 같이 이동할 수 있다고 생각한다. 현재 우리가 살고 있는 이 지구라는 공간에서는 i라는 수는 실제로 존재하지 않는다. 하지만 다른 공간에서도 이것이 적용될 수 있을까? 아직은 우리들이 모르는 것이 아주 많다. 친구들과의 관계만 보더라도 나와 저 친구간의 우정이 실제로 존재하는 지 실제로 존재하지 않는지는 눈으로 알아차릴 수 없다.

그러므로 어떤 한 물체(또는 물질 등)가 실수인지 허수인지 잘 알 수 없다. 그런데도 불구하고 우리들은 실수와 허수를 반대의 개념으로 생각하고 다르게 생각하고 있다. 따라서 실수와 허수를 정확하게 나눠서 생각하고 반대로 생각하거나 다르게 생각하기 보다는 둘을 같이 묶어서 생각하는 자세도 필요할 것 같다.

18
존재의 본질 [Cogito, ergo sum] _박상원

"코기토 에르고 줌 [Cogito, ergo sum]"

근대 철학의 아버지, 데카르트는 '존재'에 대해 위와 같이 말하였다. 이는 '나는 생각한다, 고로 나는 존재한다.'는 의미를 갖고 있다. 그는 자신이 사고한다는 전제로부터 분명한 존재의 결론을 이끌어 냈다. 우리는 '존재한다.'라는 것에 대해 정의내릴 때 보통 보이는 것들에 대해서만 그 범위를 한정 짓곤 한다.

수학에서도 이와 비슷한 경우가 있다. 바로 실수와 허수의 관계가 그것이다.

"양 또는 음의 값을 갖는 모든 정수, 0, 유리수, 무리수의 집합"

바로 실수(real number)의 정의다.

"실수가 아닌 복소수의 집합"

바로 허수(imaginary number)의 정의다.

정의만 보아도 실수가 먼저 생겨났다는 것을 알 수 있다. 실수가 발견되기까지 자연수, 유리수, 실수의 확장을 거치며 우리 인류는 보이는 것에 의존해왔다. 개수의 개념으로부터 태동한 자연수, 비율의 개념으로부터 태동한 유리수, 길이의 비율로부터 태동한 실수. 허수는 가장 늦게 밝혀졌는데 어찌 보면 이는 당연한 귀결일지도 모른다. 허수는 위의 자연수, 유리수, 실수와 같이 보이는 직관에 호소하는 방법으로는 발견할 수 없는 수이기 때문이다.

이탈리아의 수학자 카르다노(Girolamo Cardano, 1501–1576)는 삼차방정식을 풀면서 음수의 제곱근이라는 것에 대해 관심을 가졌다. 당시 사람들에게 음수는 인정되지 않았고, 이것의 제곱근은 더더욱 받아들여지지 않았다. 후에 봄벨리(Rafael Bombelli, 1526–1572)라는 수학자가 음수의 제곱근을 다루는 규칙을 만들어 이를 좀 더 체계화함과 동시에 허수의 존재에 대해 얘기하였다.

물리학에서도 비슷한 개념이 등장한다. 일례로 빛이 그러하다. 빛의 경우 파동성과 입자성을 동시에 지니고 있다. 그러나 여러 세기를 거치면서 '빛은 파동이다.', '빛은 입자이다.'와 같이 어느 하나의 개념에 대한 정의로만 설명되어왔다. 그 이유는 빛이 특정한 상황에서는 어느 하나의 성질만을 내비치기 때문이다. 이를 보이는 대로 해석하였던 당시의 물리학자들 사이에서는 빛이 어느 하나에 속하는 것으로만 정의되어왔던 것이다.

그러나 오늘날 물리학에서 '상보성 원리'에 대한 연구가 진행되면서 빛은 두 가지의 성질을 모두 갖고 있다는 것을 알게 되었다.

또 다른 예로 물질과 반물질이 있다. 모든 물질에 대해서는 그에 반대되는 개념인 반물질이 존재한다고 한다. 그러나 반물질은 보이지 않는다. 반물질이 물질과 만나게 되는 경우 그 둘은 소멸하고 말기 때문이다. 그러나 반물질은 반드시 존재한다.

생물학 분야에서도 어렵지 않게 이를 찾아볼 수가 있다. 우리는 평소 보아왔던 커다란 생물체에 대해서는 큰 감흥을 느끼지 못한다. 그러나 현미경으로 찍은 미생물체들의 사진을 보고서는 탄성을 내지르며 감탄하곤 한다. 가만 생각해보면 참으로 웃긴 상황이다. 미시생물들의 세계는 애초부터 존재해왔고, 그들은 계속해서 살아오고 있었던 것이다. 그런데도 우리는 그것들을 보며 놀람을 감추지 못한다. 그 열쇠를 쥐고 있는 것은 바로 '관점'이다. 우리는 거시세계의 생물체들을 줄곧 보아왔기 때문에 그들을 보고는 그리 놀라지 않는다. 반면 미시세계의 생물체들은 평소에 잘 보지 못하기 때문에 그들을 보고 그토록 놀랄 수 있었던 것이다.

무엇보다 중요한 것은 모두 존재한다는 것이다. 우리는 보이는 것에 대해서만 존재한다고 하지만 사실 보이지 않아도 그 나름대로 존재하고 있을 수 있다는 것이다. 나 역시 전에는 보이는 것들에 대해서만 관심을 가져왔다. 그러나 데이비드 보더니스 작가의 '시크릿 하우스'라는 책을 읽고, 보이지 않는 것들에 대해서도 생각해보게 되었다. 책에서는 우리의 평범하고 다를 것 없는 일상생활에 대해 서술한다. 그러나 그 책의 내용은 우리의 일상생활과는 매우 달라 보인다. 바로 미시적 관점에서 서술하였기 때문이다. 따라서 독자 입장에서는 평소 우리의 생활과 같은데도 불구하고 낯설고 새롭게 느껴진다.

우리가 살면서 중요시 여겨야 할 것은 어쩌면 보이지 않는 인생의 '허수'일지도 모른다. 보이지 않는 것들은 때로는 보이지 않는다는 이유로 배척받고 괄시되기 쉽다. 그러나 그렇기 때문에 더욱 관심을 가져야 하는 것이다. 따라서 나는 '존재'라는 것에 대해, 단순히 보이고 보이지 않는 기준이 아니라 우리가 인식할 수 있는(사고할 수 있는) 범위의 것이라고 새롭게 정의내리고 싶다. 보이지 않는 것에 관심을 갖는 순간 알게 될 것이다. 평범함과 비범함의 차이는 단지 관점에 따라 달라진다는 것을….

19
보이는 게 다가 아니다 _김혜기

실수는 실제로 존재하는 수이고 그 존재를 확인할 수 있는 수이다. 허수는 실제로 존재하지는 않지만 실수의 존재를 뒷받침해준다. 예를 들면 실수 -1은 존재하고 있다. 그리고 제곱해서 -1이 되는 수는 존재하지 않는 수, 허수 i로 -1의 존재를 뒷받침 해준다. 사람들이 절대적으로 믿고 있던 실수의 존재를 허수를 통해 의심할 수 없도록 만든 것이다. '실제로 존재하지 않는 수'로 '실제로 존재하는 수'를 뒷받침 해준다는 말은 모순되지만 완벽한 것이 존재하지 않는 이 세상에 맞는 말인 것 같다.

어떤 실험을 하기 전에는 사고 과정이 있어야 한다. 눈에 보이는 결과를 갖기 전에 머릿속으로 다양한 생각을 하고 결과를 예상하는 것이다. 실험 전에 반드시 필요한 과정이며 더 완벽한 결과를 위해서 기본적인 바탕이 되어준다. 사고 과정 자체가 그 실험의 일부가 되는 것이다. 각자 존재하는 것이 아니라 공생하듯이 말이다. 눈에 보이는 것만으로 그 원리를 모두 알 수는 없지만 보이지 않는 생각을 통해서는 예상과 추리가 가능하다.

'보이는 게 다가 아니다'라는 말이 있듯이 세상에는 눈에 보이지 않는 게 많다. 확인할 수는 없지만 눈에 보이는 것보다 훨씬 많을 것이다. 눈에 보이는 것만을 믿으며 살기에는 그것들이 너무 한정되어 있다. 반면 눈에 보이지 않는 것들은 쉽게 찾아 낼 수는 없지만 무한한 가능성이 있다. 그리고 끝없이 뻗어 나갈 수 있는 연결고리를 가지고 있다. 인간이 하는 생각이라는 것이 그 대표적이 예이다. 인간은 생각을 통해 끝없이 상상하고 A와 B의 연결고리를 찾는다. 그리고 그 연결고리는 C와 D로 뻗어나간다. A, B, C, D에는 새로운 연결고리가 생긴다. 그리고 계속해서 다른 연결고리들을 찾는다. 그 고리는 우리의 생각 속에서 의식적으로든 또는 무의식적으로든 계속 생겨나고 있다.

그 존재를 인정할 수는 없지만 부정할 수도 없다. 표현해낼 방법이 없을 뿐이지 그것의 존재에 대해 모두가 의식하고, 경험하고 있기 때문이다.

20

보아라! 보이는가? _이효선

수는 크게 실수와 허수로 나눌 수 있다. 실수는 real number, 즉 실제로 존재하는 수이고 허수라는 것은 ideal number라고 하여, 이상 속의 수이다. 그런데 여기에서 쉽게 착각할 수 있는 부분이 있다. '존재한다.'라는 말이 들어가서 오해의 소지가 있는데 여기에서는 '존재'의 의미가 나타낼 수 있는가, 없는가를 기준으로 표현한 것이다. 존재 자체의 의미로 받아들이면 실수와 허수는 모두 존재하지 않고 인간이 만들어낸 개념이기 때문에 모순이 생긴다.

이렇게 실수와 허수는 수학에서 만들어낸 개념이다. 그런데 이런 개념은 수학에만 있는 것이 아니라 세상의 곳곳에 존재한다. 물리, 화학, 생물, 지구과학의 네 과학 분야에는 물론, 사람과 사람 사이, 더 나아가 우주에서까지 이 개념이 숨어있다.

이 중 내 관심분야인 화학에서 예를 찾아보자면 이렇다. 우선 실수와 비슷한 개념을 찾아보자. 화학 반응이 일어날 때 정반응이나 역반응 중 어느 한쪽의 속도가 빠르게 되면 눈으로 그 변화를 알 수 있다. 변화 자체가 우리의 눈으로 인식할 수 있을 만큼 나타나기 때문에 이는 실수라고 할 수 있다. 반면, 이렇게 반응이 일어나다가 평형에 도달하여 정반응과 역반응 속도가 같아지면, 그 때는 분명 정반응과 역반응 모두 일어나고는 있긴 하지만 겉으로 보았을 때에는 아무런 변화가 없다. 정반응과 역반응이 일어나고 있다는 사실은 우리의 생각으로만 알 수 있는 것이기 때문에 허수라고 할 수 있다.

이것은 단적으로 화학 분야 중에서도 극히 일부분의 예이지만, 이보다 더 넓은 시선으로 세상을 본다면 더 많은 실수 개념과 허수 개념을 찾을 수 있다. 실수와 허수는 우리와 매우 동떨어져 보이는 개념들이지만, 주변을 조금만 둘러본다면 아주 가까이에 있다는 것을 알게 될 것이다.

"보아라! 보이는가?"

보인다면 그것은 실수일 것이요,

"보아라! 보이지 않는가?"

보이지 않는다면 그것은 허수일 것이다.

21
실수? 허수? _송은선

실수는 유리수와 무리수 전체를 총칭하여 확장한 수이다. 즉, 실제로 존재하는 수이다. 우리가 겪을 수 있고, 표현할 수 있는 것을 우리는 실수라 한다. 허수는 실수가 아닌 복소수를 말한다. 허수하면 가장 먼저 떠오르는 것은 i이다. i는 제곱해서 -1이 되는 수를 표현하기 위해 탄생한 것이다. 즉, 허수는 있다고 생각되지만, 실제로 존재하지 않는 수를 표현하기 위한 개념이다.

물리에서도 실수의 개념과 허수의 개념을 갖는 것들이 있다. 예를 들어 구심력은 실제로 존재하는 힘이다. 즉, 구심력은 볼 수 있고, 표현 할 수 있는 힘이기 때문에 실수인 셈이다. 구심력이 작용하는 물체는 원운동을 한다. 실제로 존재하는 힘이기 때문에 물체를 운동하도록 만들었다. 원운동을 하는 물체는 원심력이라는 관성력을 받는다. 그럼 관성력은 무엇인가? 관성력은 관성이라는 성질에 의해 나타나는 힘을 말한다. 하지만 관성력은 실제로 존재하는 힘이 아니다. 수학에서의 허수라 생각 할 수 있다. 하지만 system을 옮겨 관측자 입장이 아닌, 물체가 운동하는 속에서 생각한다면 관성력은 허수의 개념이 아닌 실수의 개념이 된다. 수학에서 실수와 허수 사이에는 공통되는 부분이 없다. 하지만 관성력을 봤을 때는 공집합이 있다 할 수 있다. 어쩌면 모든 것이 실수일 수도, 허수일 수도 있는 것이다.

나라는 존재를 생각해보자. 나라는 것은 하나의 개체이다. 실수로서 나는 존재한다. 이것은 외적인 것이다. 하지만 내부로 들어가 내적인 것을 살펴보자. 나는 어떤가? 나의 몸속은 어떤가? 우리가 말하는 것이 실제로 존재하던가? 마음이라는 것은 실제로 존재하던가? 마음은 우리가 예측 할 수 없는 무리수와 같은 존재라고 하지만, 실제로 그것은 존재하는 것인가에 대한 의문이 든다. 하지만 우리가 마음을 가지고 있는 것은 확실하다. 우리는 감정이 있고, 마음이 있다. 실수라는 '나' 안에 허수라는 '마음' 들어있다.

내가 공부하는 책, 내가 입고 있는 옷, 그리고 나. 이 모든 것은 실수이다. 하지만 사람의 마음, 감정, 지식처럼 있다고 느껴지지만 표현 할 수 없는 것들이 있다. 이 모든 것은 허수이다. 실수 속에 허수가 있을 수도 있고, 허수 속에 실수가 있을 수도 있다. 실제로 존재하는 것만이 중요한 것이 아니라, 사람의 마음처럼 보이지 않고 표현 할 수 없지만 중요한 것이 있다. 즉, 세상은 실수에 의해서만 좌우되는 것이 아니라 실수와 허수의 적절한 조화 속에서 만들어지는 것이다.

22
수학의 혼돈 속에서 태초를 찾다 _김현우

우리들은 이 우주라고 부르는 세상, 지구라는 세계에서 살아가고 있다. 그러나 우리는 우주가 아닌 '수'라는 광범위한 영역 속에서 살고 있는 것일지도 모른다. 우리가 알고 있는 모든 개념들은 수에서 비롯되었다. 우리가 수를 발견했다고도 하고, 발명했다고도 하지만, '수'는 우리가 자신의 발자국이라도 발견하도록 무진장 애쓰고 있었을지도 모른다.

우리가 알고 있는 모든 것은 '수'라는 확장된 개념으로 설명할 수 있다. 단위 부피 당 들어있는 분자 수라든지, 빛의 속도 등 우리가 그 수에 특별히 의미를 부여했을 뿐이지 수의 입장에서 보면 자신의 엄지발가락을 거기에 사는 미생물들끼리 얼굴이라고 부르는 아주 추잡한 꼴이 나타나는 것이다. 그렇다면 과연 존재 하는 것은 무엇인가? 그에 대한 답은 수라고밖에 생각할 수 없다. 존재하는 수인 실수는 우리가 충분히 몸으로 느끼고 있으므로 일단 허수를 다루도록 하자.

우리는 흔히 실수와 허수로 수를 구분한다. 실수, 말 그대로 존재하는 수이다. 반면에 허수는 어떠한가? 존재하지 않는 수라고 흔히들 말한다. 과연 그러할까? 수는 존재한다. 그러나 수 안의 집합인 허수는 존재하지 않는다, 이 얼마나 황당한 말인가. 허수가 정말 존재하지 않는다면 우리는 그것을 생각할 수도 없어야 하고 사용할 수도 없어야 한다. 루트 안에 음수가 들어간다? 루트는 어디서 나왔으며 부호는 또 어디서 나왔는가? 모두 우리 한낱 인간의 머릿속에서 좀 더 지식을 보편화하고 일반화하기 위해 씌운 포장 비닐일 뿐이다. 우리는 흔히 i라 쓰고 허수라 읽으며 없는 수라 지칭한다. 이 얼마나 현실과 생각이 괴리된 일이며, 들어맞지 않는 퍼즐을 맞추는 한심한 짓인가.

우리가 허수라고 명찰을 붙였을 뿐 그 안에 들은 것은 실제로 존재하는 알사탕이요, 우리가 흔히 사탕가게에서 보던 달달한 요깃거리일 뿐이다. 그에 대해 의문을 제기한다면 당연히 의혹스러울 수밖에 없다. 그렇다면 존재하고 존재하지 않는다는 것은 어떠한가? 누군가는 우리가 생각하므로 존재한다고 말했지만 나는 그의 명치를 찔러 체하게 만드는 날카로운 질문을 하고 싶다. 그 생각이라는 것은 어디서 비롯되는가? 생각이란 것은 수로 이루어진 것들의 상호작용으로 인해 생겨나는 일련 수 처리 과정에 불과하다.

생각은 우리가 존재한다는 것을 증명하기에는 턱없이 부족하다. 마치 쌀알 하나로 지구를 가리겠다는 것과 같다. 그 이유는 이렇다. 우리는 존재하지 않는 것이 되어본 적이 없다. 약간 풀어 말하자면, 존재하지 않으면 그에 상응하여 생각 자체를 할 수 없고, 그렇다면 자신이 존재하지 않는지에 대한 자각을 할 수 없다. 이 말은 곧 이렇다. 자각을 할 수 없으니 존재하지 않는 것인지 존재하는지 확인을 할 방법이 존재하지 않는다는 것이다.

그렇다면 이번엔 자각을 한다고 해보자. 자각을 한다면 그 순간 우리는 존재하는 것이 되어버린다. 그렇기에 설사 존재하지 않는 것이라고 해도 자각하기 전은 아무도 알 수 없다.

따라서 실수와 허수를 존재의 유무로 따지는 것이 아니라, 우리가 충분히 수학적으로 그 과정을 증명하고 이해했는가의 여부로 따지는 것이 바람직하다고 본다. 한 마디로 정리하자면, 존재한다는 것의 정의 자체가 무의미하며, 우리가 나눈 것은 물을 칼로써 반으로 가른 것에 불과하다는 것이다.

흐르는 것을 자를 수 없고 잘랐다고 생각해도 즉시 합쳐지기 마련이다. 생각의 흐름과 수 또한 같다. 수의 흐름을 인간의 사고라는 무딘 칼로 자른다고 해서 이를 반으로 가를 수는 없는 일이란 말이다. 아무리 날이 설대로 선 칼처럼 인간의 사고를 갈고 닦는다 해서 수 또는 존재의 여부를 우리가 결정하지 못한다. 따라서 인간의 모든 것은 무의미하고 그 속에는 본질을 찾기 위한 끝없는 몸부림만이 있을 뿐이다.

23
마음의 정의 _임가을

실수(real number)란 유리수와 무리수 전체를 총칭하여 확장한 수이다. 실수라는 단어자체로도 알겠지만 실수는 실제로 존재하는 수이다. 그에 반해 허수란 실수가 아닌 복소수로, 실수부분이 0인 복소수를 순허수라고 하는데 순허수를 제곱하면 음수가 된다.

즉 허수는 실근을 가지지 않는 이차방정식의 해를 만들기 위해 인위적으로 만든 수로 실제로는 존재하지 않는 수이다.

그렇다면 마음이란 무엇일까? 마음은 인간의 정신활동이지만 정신에 비해 훨씬 개인적이고 주관적인 뜻으로 쓰이는 경우가 많다. 마음은 존재하고 있는 것일까? 나는 생각하며 나의 마음을 느낄 수 있다. 하지만 아무리 가까운 가족, 친구일지라도 그들은 나의 마음을 알 수 없다.

내가 슬퍼하는지, 기뻐하는지 표정변화로 읽어내며 심지어는 정말로 마음이 들어있는지 확정지을 수 없다. 하지만 마음을 허수라고는 할 수 없다. 사람들은 때때로 말로 편지로 그리고 말을 하지 못하는 사람들은 수화로 자신의 마음을 전달한다. 알다가도 모르는 것이 사람이듯 그 사람의 마음 또한 실수일 수도 허수일 수도 우리는 결정짓지 못하는 것이 아닐까?

어쩌면 사람이 착함과 악함의 양면성을 가지고 있듯 마음 또한 허수와 실수가 균형 잡히게 있는 것일지도 모르겠다. 마음속에 자리 잡고 있는 용기 또한 씩씩하고 굳센 기운, 사물을 겁내지 아니하는 기개를 뜻한다. 사람들이 '나는 용기를 가지고 있어요.' 하고 써 붙이고 다닐 일이 없으므로 그 사람이 용기가 있는 사람인지 아닌지 알 수도 없고 볼 수도 없다. 그러면 용기는 허수인 것일까? 하지만 강아지가 차도에 서있거나 어두운 산 속에서 길을 잃었을 때 같은 긴급하고 어려운 상황이 닥친다면 용기 있는 사람은 누구나 자신의 용기를 발휘한다.

이때 우리는 이 사람을 보고 '아~저 사람은 용기 있는 사람이구나' 하고 판단한다. 용기가 보이지 않는 것이라면 우리는 이런 판단을 어떻게 할 수 있는 것일까? 보인다면 용기란 어떤 모습일까? 우리들은 사람의 마음도 용기도 정확하게 확인할 수 없다.

하지만 우리가 허수와 실수의 중간인 세상에 살고 있기 때문에 서로를 알아가고 발전하는 새로운 모습을 보여줄 수 있는 것은 아닐까?

24
3차원과 4차원의 개념 _정주영

실수와 허수. 내 머릿속에 바로 생각하여 형용한다면 다음과 같다. 실수는 우리가 무엇이라고 생각할 수 있는 것이고, 허수는 우리가 확고히 무엇이라고 단정할 수 없는 것이라고 생각할 수 있다.

다시 말하면 실수는 우리가 그 형상을 파악할 수 있는 것이다. 반면 허수는 무언가 있다고 생각할 수 있지만 확실히 알 수 없고 있는지 없는지 존재여부 또한 불확실한 것으로 말할 수 있다.

먼저 학문적, 종교적으로 보면 크게 생각하여 과학, 수학을 실수로 볼 수 있다. 그리고 우리로서는 신이 있는지 없는지 확실히 증명해낼 수 없기 때문에 귀신이 있다고 생각하는 것, 어떤 종교를 가지게 되는 것. 그 신앙 같은 것들은 허수로 생각할 수 있을 것이다.

우주에서 보면 우리가 존재하고 있는 이 지구나 태양 등 우주 안에 있으며 우리가 판단할 수 있는 모든 만물을 실수라고 말할 수 있다면, 우주의 끝은 어떠할 지, 우주의 시작은 어떠할 지, 블랙홀 속은 어떠할 지 현재는 아무도 확실하게 알고 있지 않다는 점은 허수라고 단정할 수 있다.

다른 예로 하이젠베르크의 불확정성의 원리를 볼 수 있다. 불확정성의 원리란 우리가 전자의 위치를 알 수 없다는 것이다. 전자의 위치를 알기 위하여 빛을 보낸 후 다시 돌아오는 빛을 이용하여 전자의 위치를 파악하는데 전자는 워낙 작은 질량이기에 빛을 비추게 되면 이 빛에 의해 전자의 위치가 불확정해진다.

이것으로 보아 하이젠베르크의 불확정성의 원리는 허수의 개념으로 볼 수 있다. 또 이상기체, 이상용액이 있는데 이상기체란 기체분자운동론에 만족하는 기체이고 이상용액이란 라울의 법칙에 만족하는 용액을 말하는 것이다. 이들 모두 실제로 존재하기 힘들기 때문에 허수의 개념으로써 판단할 수 있다.

이와 반대로 실제기체와 실제 용액에서는 이 법칙들을 만족하지 않는데 우리는 이것들을 실수로서 볼 수 있다.

나는 실수와 허수를 다음과 같이 정의하고 싶다. 실수란 현재 우리의 상태, 차원, 생각에서 생각할 수 있는 개념이고, 허수란 현재가 아닌 다른 상태, 다른 차원, 다른 생각에서 비롯하여 현재는 알 수 없지만 영원히 알 수 없다고 말할 수 없는 개념이다.

25
실세와 허세 _노수현

실수와 허수, 짧게 정의하자면 실수는 실제로 존재하는 수, 허수는 실제로 존재하지 않는 수라고 할 수 있다. 자, 이제 실수와 허수의 개념을 사회에 한 번 접목시켜보자. 실수, 허수와 비슷한 개념에는 실세와 허세가 있다. 그렇다면 실세와 허세는 무슨 뜻일까? 실세는 실제의 세력이나 기운, 또는 그것을 지닌 사람이고 허세는 실속이 없어 겉으로만 드러나 보이는 기세이다. 이렇게 정의를 놓고 보니까 정말 어딘가 많이 비슷하다. 그렇다면 실세와 허세는 실수, 허수와 어떻게 어떠한 방식으로 비슷한 것일까? 한 번 탐구해보자.

실세는 없어서는 안 된다. 실세가 없다면 사회를 이끌어 나갈 사람이 없다. 그렇다면 어정쩡한 사회가 되어 이러지도 저러지도 못하는 지경이 될 것이다. 보나마나 그러한 사회는 금방 무너지게 될 것이다. 그렇다고 실세만 있어서는 안 된다. 실세만 있다면 실세끼리의 세력 다툼으로 인하여 사회가 불안정하게 되어 결국에 그러한 사회는 패망의 길을 걷게 될 것이 뻔하다. 그렇다면 이러한 실세와 반대되는 개념인 허세는 어떠할까? 허세 또한 없어서는 안 된다. 허세가 없다면 실세 혹은 실세도 허세도 아닌 사람들만 존재하게 된다.

그리고 실세도 허세도 아닌 사람들은 힘이 없기 때문에 실세들이 하는 대로 휘둘릴 것이므로 없다고 봐도 무방하다. 따라서 이렇게 되면 실세들만 존재하는 꼴과 같아지므로 이러한 사회 또한 패망의 길을 걷게 될 것이다. 그렇다고 해서 허세만 있어서도 안 된다. 허세만 존재하고 실세, 즉 진정한 세력이 없다면 그러한 사회는 가짜들이 판을 치는 사회가 될 것이다. 가짜들이 판을 치는 사회, 즉 가짜 사회가 되어 버릴 것이고 그러한 가짜 사회는 실세만 존재하는 사회보다 더 안 좋은 결과를 낳을 수도 있다.

그렇다면 이러한 분석들로써 결론을 내릴 수 있다. 한마디로 실제 사회에서는 실세만 존재해서도 안되고, 실세가 없어서도 안되고, 허세만 있어서도 안되고, 허세가 없어서도 안된다.

따라서 실제 사회에서는 실세와 허세가 적절하게 균형 있게 존재해야 한다는 것이다. 그리고 또한 실세와 허세는 적절한 조화를 이루며 존재해야 한다. 그렇다면 이러한 실세와 허세의 적절한 균형과 조화를 갖춘 사회야 말로 진정한 의미의 이상적인 사회가 아닐까?

26

끝없는 패러독스 _황종운

수학에서 실수와 허수에 대한 정의는 확실하다. 복소수 차원에서 실수가 아니라면 허수고, 허수가 아니라면, 실수다. 그렇다면 이 논리를 실생활에 적용시켜보면 어떨까? 실생활은 실제로 존재하고 우리가 존재하고 있는 세상이기 때문에 실수만이 존재하는 세상이라고 많이들 생각한다. 그렇다면, 이 세상에 존재하지 않는 것들을 허수라고 정의한다면, 벌써부터 수학적 정의에 모순이 생겨버린다. 진정한 의미에서의 '존재하지 않는'다는 것은 우리 머릿속에서 상상조차 거부한다.

우리가 머릿속으로 상상할 수 있다면 우리 머릿속에서 이미 존재하고 있다는 것이므로, 그것은 진정한 허수라고 말할 수 없다. 우리가 '이 세상에 존재하지 않는 것들'이라고 정의를 내려놓는 순간, 아니, 허수라는 것의 개념을 생각해버린 순간 이것은 이미 이 세계, 즉, 우리 머릿속에서 존재해버리기 때문에 정의에 모순되어 버린다.

자, 이 논리에 따르면, 허수는 존재할 수 없다. 하지만 허수의 정의를 다시 한 번 되새기면서 앞의 논리를 확장해보면, 영원한 패러독스에 빠지게 된다. 허수의 정의는 우리의 일반적인 상상에서 벗어난 모순적인 수라고 할 수 있다. 앞의 논리처럼, 허수는 모순된 존재다. 하지만 허수는 모순된 존재를 뜻하므로, 모순된 존재인 허수는 앞의 정의에 따라서, 존재하게 된다. 하지만 허수가 존재한다는 것 자체가 모순된 것이므로,

허수가 존재한다는 사실은 모순된 것이다. 하지만 이 '모순된 사실'도 모순된 것은 허수라는 정의에 의해 또 허수가 되고, 그것은 다시 모순이 되지만 다시 허수가 되고…. 이런 무한한 패러독스에 빠지게 된다.

이제 정말, 철학적인 사고를 벗어나 상식적으로 생각해보자. 상대성 원리에 따르면, 질량은 가속될수록 증가하게 된다. 그렇게 빛의 속도에 가까워지면, 질량은 무한대로 증가하게 된다. 그런데 질량 증가 공식 $m' = \dfrac{m}{\sqrt{(1-(v/c)^2}}$ 에 따르면 v가 c보다 커지게 되면, 루트 안의 값이 음수가 되어 질량이 허수가 되어 버린다. 그렇다면, 이것은 또 무슨 의미일까? 만약에 빛보다 빠른 것이 존재할 수 있다면, 이것의 질량 허수가 된다. 그러므로 이것은 허수적인 존재라고 말할 수 있다. 만약에 빛보다 빠른 것이 존재할 수 없다면, 허수의 질량을 가진 것을 존재할 수가 없다. 여기서 또 앞의 논리를 적용시킨다면, 질량이 허수로 존재한다면, 이것의 질량이 허수이기 때문에 이것은 허수적인 존재이면서, 존재하기 때문에 실수적인 존재가 되어 모순이 되어 버린다. 허수인 질량의 존재가 존재하지 않는다면, 이것은 또한 정의에 의해 허수적인 존재가 된다. 여기서 허수인 질량의 존재가 존재한다는 것과 존재하지 않는다는, 두 반대의 가정에서 시작한 결론이 둘 모두 허수적인 존재라는 하나의 결론에 도달한 것 또한 모순이다.

이렇게 지금까지 실수와 허수에 대해, 나의 생각을 써 보았다. 실생활에 상식적으로 적용해 보려고 했지만, 결국 철학적으로 접근하게된 것이 조금 아쉽다. 그렇지만 내 나름대로 내 생각을 잘 표현할 것 같다. 이렇게 가끔, 당연하다고 생각하는 문제를 내 나름의 가치관, 세계관으로 내 나름대로의 결론을 내려보고, 다른 사람들의 생각과 비교해보는 것도 좋은 것 같다.

27
말을 하자. 실수가 되게 하자 _김채원

실수는 실제로 존재하는 수이다. 유리수와 무리수는 모두 이 안에 있다. 그러므로 예측할 수 있는 수와 예측할 수 있는 수는 모두 실제로 존재한다고 할 수 있다. 앞의 글에서 말한 것처럼 예측 할 수 없는 일도 우리가 겪을 수 있게 존재하긴 한다. 허수는 있다고 생각했는데 실제로는 존재하지 않는 수이다. 표현 할 수 없기에 존재하지 않는다는 의미이다. 사실 이게 무슨 말인지 모르겠다.

그렇지만 이렇게밖에 설명할 수 없다. 허수하면 가장 먼저 생각나는 건 i다. 이 i는 실수인 −1을 만들기 위해 생겨난 것이다. "제곱해서 음수가 되는 수는 없을까?" 하는 생각이 루트 −1인 i를 만들어냈다. 허수는 실수를 만들기 위한 도구에 불과한 것일까? 이렇게 정의해버리면 허수가 슬퍼할지도 모른다. 허수에게는 실수의 도구만으로 생각될 수 없는 위대함이 있다. 정확한 걸 추구하는 과학은 허수의 개념을 매우 많이 쓴다. 과학은 사실 불확실하다. 끙끙대다가 못 알아내면 "이건 과학으로 증명할 수 없어."라며 어물쩍 넘어가버린다. 그렇지만 과학은 허수를 써서 조금이나마 정확해진다. 예를 들면 전향력같이 있다고 생각하는데 실제로는 존재하지 않는 것처럼 말이다. 지구를 생각하면 분명히 전향력이 있다고 생각해야 되는데 지구에는 막상 그런 힘이 없다. 이게 과학에서 쓰는 허수이다.

그 존재하지 않는 힘을 i처럼 전향력이라고 이름을 붙여버리면 우리는 더 이상 혼란을 느끼지 않아도 된다.

실수는 우리가 눈으로 보는 모든 것이다. 지금 내 앞에 놓여있는 노트북도 실수이고 내 몸도 실수이고 옆에 놓여 진 핸드폰도 실수이다. 존재한다고 머릿속으로 생각하고 있고 지금 실제로 존재하고 있기 때문이다. 그런데 지금 이 글을 치고 있는 나의 마음은 어떨까? 실수일까? 앞에서 말한 허수의 개념을 생각해보자. 일단 존재한다고 생각하는가? 당연하다. 내 마음은 있다. 다음으로 실제로 존재하는가? 2.14 라는 숫자로 표현할 수도 없고 노트북이라는 형태도 없다. 그럼 내 마음은 존재하지 않는 것인가? 그건 아니다. 아까 분명히 있다고 말했다.

그러므로 내 마음은 허수이다. 존재한다고는 생각하지만 딱히 표현할 수 없는 내 마음. 이러한 내 마음을 다른 사람이 알게 하긴 위해선 말을 해야 한다. 말은 기록할 수 있으므로 표현 할 수 있다. 그래서 존재한다고 할 수 있다. 다른 사람이 내 마음을 몰라준다고 그 사람을 탓하지 마라. 마음은 존재한다고 생각만 하는 것이지 그 사람이 그 마음을 형태로써 인식할 수 있는 것이 아니다. 말을 해라.

실수가 될 수 있게. 고로 존재할 수 있게. 속으로 아무리 외쳐봤자 그건 존재한다고 생각만 할 수 있는 것이다. 남이 볼 수 있게, 알 수 있게 말을 하자. 혼자 끙끙 앓는 건 스스로 허수가 되는 것뿐이다.

28
경험계와 실세계 _권하람

실수와 허수. 두 수의 체계는 매우 밀접해 있으면서도 상극을 띠는 체계들이다. 실수는 단어적인 의미 그대로 존재하는 수를 말하고, 허수는 인간의 가정 하에 존재하게 되는 '가짜 수'를 말한다. 지금부터 이 두 수의 체계에서 나타나는 특성을 경험계와 실세계에 접목시켜 보겠다.

'경험계'와 '실세계'의 의미는 각각 '주체의 경험으로부터 구상되는 세계', '주체의 경험과는 무관하게 존재하는 실제 세계'라고 정의할 수 있다.

정의만 봐도 알 수 있듯이, 경험계는 실세계와는 달리 실제로는 존재하지 않는 세계이다. 어떤 주체와 실세계가 있을 때, 주체의 감각적인 경험에 의해 실세계를 간접적으로 느끼는 것이 바로 경험계이다.

경험계가 허수의 체계와 비슷한 특성을 지님을 볼 수 있다. 경험계 역시 허수처럼 실제로는 존재하지 않으며, 허수에서 실수가 비춰지듯이(허수는 음수인 실수의 제곱근이다. ⇔ 허수를 제곱하면 실수가 나타난다.) 주체인 우리는 실세계가 비춰진 경험계에서 살아가기 때문이다. 반대로 실세계가 실수와 특성적인 면에서 일맥상통할 수 있음은 자명한 일이다. 이제 다른 관점에서 경험계와 실세계를 생각해보자.

회의주의적인 관점에서 보면 경험계는 실세계에 그 원천을 두지만, 경험계가 곧 실세계는 아니다. 경험하는 것이 곧 실제 현상은 아니라는 의미이다. 이를 다르게 해석하면, 우리에게 경험에 의해 실세계를 인식하는 것은 불가능하다는 의미가 되는데, 마치 우리가 직관적으로는 허수를 가늠하는 것이 불가능한 것과 비슷하다.

그렇다면 경험계는 어떨까. 사실 개개인의 경험계에서 살아가는 우리에게 실수는 실세계보다 경험계에 더 밀접해있다고 볼 수 있다. 실수는 개수나 비율 등에서 비롯된 것인데, 우리가 이러한 개수나 비율 등의 개념을 느끼고 정의하는 건 경험계 내에서 일어나기 때문이다.

이처럼 한 예(경험계와 실세계)에서도 관점에 따라 실수와 허수의 특성을 다르게 적용할 수 있는 것으로 보아, 실수와 허수는 그저 흑백논리에 의해 나눠질 개념이 아님을 알 수 있다. 둘은 개별적인 체계이되, 아주 특별한 상호관계를 갖는다. 그러므로 실수와 허수의 진정한 의미를 이해하기 위해서는, 먼저 실수와 허수에 대한 편견 따위를 버려두는 것이 좋을 것이다.

29
이 세상은 존재 하는가 _최주헌

실제로 존재하는 수, 실수. 실제로 존재하지 않는 수, 허수.

우리 인간의 관점으로 허수와 실수를 논한다 하면 우리들이 직접 보는 것은 실수이고 공기나 매우 작은 미시적인 세상은 허수에 포함이 된다.

우리 주변에 있는 대부분의 것들은 보이기 때문에 실상이 있는 실수라고 할 수 있다. 우리가 사용하는 스마트폰이나 각종 전자기기 등을 사용할 때, 그것들은 보이기 때문에 실수이다. 그러나 그 속에 들어있는 여러 복잡한 구조의 칩들은 보이지 않기 때문에 허수이다. 우리는 그 속에 어떤 복잡한 칩들이 들어 있다는 것을 알 수 있지만, 직접 보지 않는 한 그 전자제품은 허수를 내포하고 있는 실수 복소수라 볼 수 있다. 그러나 이런 관점은 실수와 허수를 단순히 보이는 것과 보이지 않는 것으로 생각했을 때의 관점이라 할 수 있다.

수적인 관점으로 보았을 때, 허수는 제곱하여 음수를 만드는 있을 수 없는 수이다.

$i \times i = -1$처럼 허수와 허수의 곱은 실수이다. 허수는 허수를 통해 실수가 되는 것이다. 이런 관점을 가지고 보면 우리는 허수 속에 살고 있다고 할 수 있다. 우리가 보는 모든 것들은 빛이라는 매개체를 통해 사물을 판단할 수 있다. 그러나 빛은 볼 수 없으나 존재하기 때문에 실

수라 할 수 있으며 빛이 없으면 우리주변의 모든 것들은 존재는 하나 볼 수 없는 허수가 되어 버린다. 빛을 통해 사물이라는 실수가 생기는 것을 보면 우리의 세상은 모두 허수로 되어있다 할 수 있다.

또, 시간의 시점으로 볼 때 우리들이 보는 것은 빛이라는 매개체를 들어오는데 빛은 무한대가 아닌 300000km/s일정한 속력을 가지고 있기 때문에 우리들이 보는 우주의 천체들은 사실 수십 수백억년 전의 모습이다. 천문학자들은 과거를 관찰하는 것이다. 그렇기 때문에 우리들이 관찰하는 천체를 실수라 하면 지금 실제 천체 상태는 존재하나 알 수 없기 때문에 허수라 할 수 있다.

우리들이 보고 느낄 때 빛이 사물에 반사되어 들어와서 우리의 눈이 인식 할 때, 그리고 우리가 사물을 만질 때, 신경세포들이 반응하고 뉴런들이 작용하여 일정한 시간이 지난 후 우리의 뇌에 정보가 전달된다. 이러한 시간차가 있는 것처럼 우리가 보고 느끼는 것은 실제 세상보다 조금 더 전세상이기 때문에 실상은 존재 하지 않는 세상을 보고 느끼는 것이다.

내가 가장 인상 깊게 본 영화가 있다면 매트릭스이다. 영화 속에서는 지금까지 자신이 살아왔던 세상이 전부 만들어진 가상의 세계 즉 허수였다. 이 영화를 보고 나서 '내가 사는 세상이 영화 매트릭스처럼 가짜 세상이지는 않을까?' 하는 의문을 가지기도 했었다. '모든 생각들은 실제로 존재 하지 않기 때문에 허수이다.' 지금까지 나는 이런 여러 가지 생각을 하면서 이 글을 적었다.

위에 적은 말을 볼 때 이 글은 허수로 되어있는 실수라고 할 수 있다. 우리는 '실수의 반대는 허수이다.' 이런 시각으로 세상을 보고 있다. 이런 점은 흑백논리의 폐해라고 생각한다. 과제를 하면서 나는 우리가 우리의 삶을 실수 허수라는 수적 관점으로 볼 것이 아니라, 둘을 포괄해서 볼 줄 아는 관용의 정신을 베풀어야하며 인간의 다양성을 존중하고 차별하지 않는 가장 큰 복소수와 같은 삶을 살아야 한다고 생각했다.

30
생물 전체세대에서의 진화와 한세대 내에서의 진화 _김민선

실수는 보인다. 하지만 허수는 보이지 않는다.

생물의 전 세대에서는 진화는 보인다. 하지만 하나의 세대 차이의 진화는 보이지 않는다. 실수의 문제를 해결하기 위해 허수를 사용한다. 진화의 원인을 알기위해 하나의 세대 차이의 유전자를 확인한다. 실수는 존재한다. 하지만 허수는 존재하지 않는다. 진화는 존재한다. 하지만 한세대 내에서의 진화는 존재하지 않는다.

실수와 허수의 개념은 어느 분야에서건 존재할 것이다. 생물에서는 진화가 실수와 허수의 개념의 예인 것 같다. 진화는 하나의 세대에서 그 다음 세대로 넘어갈 때는 보이지 않는다. 아니 한세대 차이에서 나타나

것은 진화인 것일지 알 수 없다. 하지만 더 크게 보면 생물은 진화하고 있다. 보이지는 않지만 존재한다고 가정하는 허수처럼, 보이지는 않지만 언젠가 모이면 존재하는 진화는 같은 개념이 아닐까 생각한다.

진화는 더 나은 발전된 유전자가 후손에게 전달되는 현상을 말한다. 하지만 진화는 한 세대에서 나타난다고 할 수 없다. 한세대 내에서 유전자가 전달되기는 하지만 더 나은 발전된 유전자가 전달된다고는 할 수 없기 때문이다. 그 예로는 유전병을 앓고 있는 사람이 나타나는 것으로 설명할 수 있다. 더 나은 유전자가 전달된다고 한다면 유전병을 앓고 있는 사람은 존재해서는 안 된다.

유전병은 더 나은 발전된 유전자를 전달해준 것이 아니다. 그렇기 때문에 한세대 내에서의 유전적 변화는 진화라고 할 수 없다. 하지만 분명 진화는 한세대 한세대를 거쳐 일어난다. 한세대 내에서 진화는 허수와 같이 보이지 않지만 분명이 있다. 이렇듯 진화를 한세대 내에서 일어나는 것과 전체적인 생물계 내에서 일어나는 것으로 나뉘어 생각하면 실수와 허수의 특징을 갖고 있다고 할 수 있다.

그래서 생물분야 내에서 찾을 수 있는 실수와 허수의 개념은 진화라고 할 수 있다. 즉, 한세대 내의 유전적 변화가 허수, 전체적인 생물계의 진화가 실수라고 생각 할 수 있다.

31
당신은 내가 보이는가? _조동희

우리가 세상을 살아가다보면 존재가 의심되는 존재가 있다. '이것이 정말 존재하는가?' '이걸 꼭 있다고 해야 하는 건가?' '이게 없다고 생각하면 도무지 이해가 되지 않는데?' '그런데 보이지가 않잖아?' 나 또한 과학도로서 과학에 대해 배우다보니 이런 궁금증을 유발하는 존재들을 맞닥뜨리게 될 때가 있다. 그러니 한 번 생각해보자.

이 세상에는 다양한 에너지가 존재한다. 높이를 가진 물체가 가진 위치에너지, 운동하는 물체가 가진 운동에너지, 빛이 갖고 있는 빛에너지, 열을 내는 물체가 가진 열에너지 등 많은 에너지가 있다. 이러한 에너지들은 실제로 존재하고 있어 다양한 자연 현상을 일으킨다. 그러므로 이 에너지들은 모두 실수라고 볼 수 있다.

그러나 우주를 가보면 알 수 없는 현상이 많이 일어나고 있다. 물리적인 계산에 따르면 공전 반지름이 클수록 그 속도가 느려진다. 이는 태양계에선 잘 적용된다. 그러나 은하 단위로 나가보면 반지름이 크다고 해서 속도가 느리지 않다.

이는 질량이 은하의 중심에 모여 있지 않고 분산되어 있기 때문이라고 해석할 수 있는데 그 곳에는 어떤 물질도 에너지도 보이지 않는다. 그래서 천문학에서는 이를 암흑물질, 암흑에너지라고 부른다. 이렇듯이 보이지 않으면서도 영향을 주는 암흑물질과 암흑에너지는 허수와 같은 존재가 아닐까?

또, 우주는 빅뱅에 의해 탄생했다고들 말한다. 빅뱅 이론에 따르면 우주는 무에서 유가 창조된 것이다. 진공이 아니라 정말 아무 것도 없는 공간에서 갑자기 우주라는 것이 생겨난 것이다. 이것이 정말 가능할까? 이 문제를 생각해보니 우주보다 더 큰 존재나 또 다른 우주를 상상할 수밖에 없었다. 그러나 이런 것들은 보이지도 않고 관측을 통해 확인을 할 수도 없다. 나는 이러한 고차원 우주, 막우주들을 허수라고 부르고 싶다.

아인슈타인의 일반 상대성 이론에 따르면 중력 즉, 질량을 가진 물체에 의해 시공간이 휘어지고 빛의 경로도 휘어진다. 물론 우리 눈에는 시공간이라는 것이 보이지 않아 휘어지는 것 또한 볼 수 없다. 그러나 천문학자들은 관측을 통해 중력렌즈 효과를 볼 수 있었다. 즉, 빛이 휘어지는 현상을 발견한 것이다. 마치 허수단위 i를 제곱하면 실수인 -1이 되듯이 보이지 않는 중력이 시공간에 영향을 미쳐 우리 눈에 보이는 빛이 휘도록 한 것이다. 다시 말해서 보이지 않는 것이 보이는 것에 영향을 미친 것이다. 그래서 중력에 의한 시공간의 휘어짐을 허수와 같은 것이라고 생각할 수 있다.

이 밖에도 자연과 우주의 대부분이 허수다. 눈에 보이지는 않지만 우리의 생활과 묘한 관련이 있다. 앞으로 이런 허수와 같은 존재들을 염두에 두고 살다보면 좀 더 바람직하고 향상된 삶을 살 수 있지 않을까?

32
가상과 현실 _신희찬

실수는 유리수와 무리수를 포함하는 수로 실제로 세상에 존재하는 수이며, 허수는 실제로 존재하지 않는 수라고 한다. 그런데 허수를 보면 식으로 나타내어 질 수 있고 우리가 쓰고 있는데 존재하지 않는다고 말하는 게 와 닿지 않는다. 예전의 수학자들은 어떤 수를 제곱하면 0이상의 수 즉 0과 양수만 나오지 음수는 나올 수 없다고 생각했다. 그러다 방정식을 푸는 과정에서 제곱해서 음수가 나오는 수가 있어야 되는 일이 생겨 허수라는 가상의 수를 도입한 것이다. 그러면 실수는 존재하고, 허수는 존재해야하면서 존재하는 것 같지만 실제로 존재하지 않는다. 잘 이해가 가지는 않는다. 이를 수학이 아닌 다른 것에서 살펴보자.

내가 관심 있는 분야인 생물에서 보면 실수에 접목되는 것은 여러 가지 쉽게 생각할 수 있다. 동물과 식물의 존재, 사람이 밥을 먹고 일을 하는 등 생활하는 전반적인 것들이 실수처럼 실제로 존재하는 것이다.

나는 이 중에서 사람의 감각에 대해 더 생각해볼 것이다. '미각, 시각, 촉각, 후각, 청각' 이렇게 5가지의 감각(5감)이 사람에게는 있다. 이는 실수라고 보면 되겠다. 그런데 마약을 하는 사람들의 말에 따르면 마약 등을 통해 여섯 번째 감각(6감)을 느낄 수 있다고 한다. 이 여섯 번째 감각은 우리 같이 마약을 경험 하지 않은 사람들에게는 존재하지 않고, 존재할 수도 없는 감각일 것이다. 마약을 경험한 사람들의 증언이 있기 전에는 사람에게는 여섯 번째 감각이 존재하지 않고 있을 수 없다고 생각했다. 그런데 이 여섯 번째 감각은 마약을 하는 사람들에게는 존재하는 것이며, 그렇다면 존재하지 않는다고 할 수 없다. 이는 허수가 나오게 된 경우와 비슷하다. 존재하면서 존재하는 것 같지만 존재하지 않는 이런 성질은 허수와 비슷하다고 생각한다.

33
블랙홀과 신 _이시우

수학에서는 물건의 개수를 셀 때 사용되는 자연수부터 크게는 복소수, 사원수 등으로 큰 범위의 수의 집합을 정의해서 사용하고 있다. 이 중에서 실수는 유리수와 무리수 집합의 합집합, 또는 수직선상의 점들과 일대일 대응되는 집합을 말한다. 그리고 허수, 즉 복소수는 허수단위 i와 실수를 이용하여 $a+bi$의 꼴로 나타낼 수 있는 수(a, b는 실수)를 의미한다. 이런 허수(복소수와 같은 의미로 언급하겠다.)는 수직선만으로는 표현이 불가능하고 복소평면을 이용하여 표현해야 한다. 이 복소평면을 이용하여 허수의 절댓값, 편각 등을 정의하게 된다.

어찌되었건 허수, 즉 imaginary number는 말 그대로 실제로 존재하지 않는, 상상의 수이다. 그런데 이런 실제로 존재하지도 않는 수는 왜 만들었을까? 만든 사람이 바보가 아닌 이상 분명 쓸모가 있으니까 만들었을 것이다. 하지만 실제로 나타나지는 않고, 우리 마음속에만 존재할 뿐이다. 그럼 과연 이런 허수의 역할을 대변할 것들은 무엇일까?

우주에는 여러 가지 천체들이 있다. 천문학자들 중에는 새로운 천체를 찾거나 이론을 입증하기 위해서 평생을 바치는 사람들도 있다. 이러한 천체들에는 신기한 것이 많이 있지만 그래도 그 무엇보다 가장 신비한건 블랙홀이 아닌가 싶다.

블랙홀은 엄청난 크기의 중력이 작용하는 천체로서 주위의 모든 천체를 빨아들이고 심지어 빛까지 빨아들인다. 결국 블랙홀은 가시광선, 즉 눈에 보이는 광선으로는 관측할 수는 없고 존재를 예측할 수 있을 뿐이다.

아인슈타인이 상대성 이론을 제기하고 블랙홀의 존재를 예상했던 이래로 천문학자들 대부분은 블랙홀이 존재한다고 믿어왔고 그 증거를 찾기 위해서 내가 글을 쓰고 있는 지금 이 시간에도 열심히 하늘을 바라보고 있을지도 모른다. 어찌되었건 블랙홀은 우주의 검은 괴물 같은 존재이다. 하지만 현재 천문학자들이 연구한 바에 따르면 블랙홀은 우주에서 필수 불가결한 존재라고도 한다. 블랙홀이 우주에서의 창조의 원동력이 된다고 한다. 나는 현재 세상을 복소평면상의 실수축으로, 그리고 블랙홀을 실수의 값을 허수로, 허수의 값을 실수로 바꿔주는 $+bi$ (b는 실수)의 역할로 보고 싶다.

a라는 실수에 bi라는 값을 더해주게 되면 앞에서 말했듯이 더 이상 실수축에는 표시할 수 없고 복소평면을 통해 그 수를 나타내게 된다. 또, $a+bi$라는 복소수에서 $c+bi$(c는 실수)라는 값을 빼 주면 $a-c$라는

실수값만 남게 되고 이는 실수축에 표시할 수 있게 된다. 마찬가지로, 블랙홀은 물체를 엄청난 중력으로 빨아들여 결국에는 사라지게 만들기도 하고, 블랙홀을 통해서 여러 가지 천체가 창조되기도 한다.

34
보이지 않는 힘 _황희문

공부를 하고 더 많은 것을 알아갈 수록 그 분야에서 밝히지 못하는 것들이 많아지게 된다. 정성적인 것들과 정량적인 것들이 있고, 가상과 실상이 있다. 정성적이라는 말은 실제론 존재하지만 그것을 수치적으로 나타내기 어려워 이론상으로만 현상에 대해 설명하는 것이다. 하지만 가상은 그것과는 다르게 실제로도 존재하지 않는 것이다.

실수와 허수의 개념은 가상과 실상이라고 할 수 있다. 실수는 실제로 존재하는 수이다. 허수는 근호 안에 들어가는 음수를 처리하기 위해 인위적으로 만들어진 수라고 할 수 있다.

우리가 공부하면서 수치상으론 존재하는 것이지만 확인할 수 없는 것이나, 수치상으로도 존재하지 않는 것들을 생각해 보았을 것이다. 난 물리를 좋아한다. 그래서 물리 공부를 하다가 의구심이 드는 것들을 생각해 봤다.

대표적으로 원심력과 구심력이 있다. 원심력이 가상 즉, 허수이고 구심력이 실상 즉, 실수라고 할 수 있다. 모든 물체는 운동하던 대로 운동하려는 성질을 가지고 있다. 하지만 원운동을 하기 위해선 계속해서 방향을 바꾸어 주어야만 한다. 그렇기 때문에 원운동을 하는 입장에선 직진하려고 하는 관성을 힘으로 느끼게 되는데 이것이 원심력이다. 구심력은 원운동을 계속하기 위해 중심으로 계속 당겨주는 힘을 말한다. 원심력과 구심력 모두 수치상으로는 존재하는 값들이다. 하지만 원심력의 경우 관성이라는 힘이기 때문에 실제로 존재하진 않는다. (원심력과 구심력은 아직도 말이 많은 부분이지만 내가 공부하는 교재와 인터넷 상에서는 거의 원심력을 가상의 힘이라고 한다.)

실수와 허수… 공통점과 차이점을 모두 가지고 있다. 보이는 것과 보이지 않는 것을 제대로 안다면 그때 우리는 진정으로 무언가를 안다고 말할 수 있을 것이다. 공부하면서 나오는 많은 개념들을 대부분 실수와 허수 개념과 접목시킬 수 있을 것이다. 앞으로 많은 개념들을 접목시켜가면서 생각해보면 좋은 아이디어가 떠오를 것 같다.

35
범인은 언제나 존재하는가 _김민정

허수는 도무지 알 수 없는 수이다. 실수처럼 존재하는 것도 아닌데, 그렇다고 존재하지 않는 것도 아니다. 우리가 엄연히 쓰고 있지 않은가!

이처럼 허수는 있는듯하면서도 없는 듯하고, 없는듯하면서도 있다.

우선 여러 과목들과 접목시켜 생각해 보자. 하이젠베르크의 불확정성 원리는 너무나도 잘 알려져 있다. 이 원리는 양자역학에서의 가장 기본적인 개념이다. 이것은 어떤 한 입자의 위치와 운동량을 동시에 정확히 알 수 없다는 이론이다. 간단한 부등식으로도 나타낼 수 있는데, 어느 하나를 알고 싶으면 값이 무한대로 커져야 해서 둘을 모두 알 수 없다는 원리이다. 이 원리는 허수의 개념과 잘 맞는다.

"유리수와 무리수"에서도 설명한 양자역학은 여기서도 적용된다. 한 원자에서 전자는 정해진 궤도를 이탈할 수 없다고 하였다. 그렇다면 들뜰 때나 다시 바닥상태로 내려올 때 대체 전자는 어떻게 다니는 것일까? 한 궤도에서 다른 궤도로 옮겨갈 때 그 중간에는 대체 전자가 존재할 수 없는데 중간에서 존재하지 않는다면 어떻게 궤도를 옮긴다는 것인가? 이것도 매우 허수적이다. 분명 존재할 수 없는데 존재하지 않는다면 설명이 잘되지 않는다.

수업 시간에 나온 내용 중 진화는 실수 개념이고, 진화의 중간 단계는 허수 개념이라는 말이 정말 와 닿았다. 나는 한 번도 그렇게 생각해 본 적이 없었는데 정말 흥미로운 비유였다. 그러니까 진화론에서 진화라는 것은 존재한다. 그런데 진화의 중간 단계는 어떻게 된 것인가? 진화의 중간 단계는 존재하는가? 진화는 미래 지향적인 것이 아니라서 당장의 그 상황에만 알맞게 변해간다고 할 수 있다.

이해를 쉽게 하기 위해서 직접 만든 예시 보겠다. 예를 들면 누워서 자는 나무가 있다고 하자. 이 나무는 작았을 적에는 누워 있으면 기대 쉴 수 있어 편해서 좋았지만 길이가 길어지니 자꾸 밟혀서 오히려 서 있는 것이 편해졌다고 한다. 그래서 누워서 자는 나무는 오랜 기간이 지난 지금 서서 자고 있다. 그럼 그 오랜 기간 동안에 중간 단계는 있었는가? 그랬다면 45도 각도로 삐딱하게 서 있는 나무가 있어야 하는데 이러면 쉬기도 불편하고 잘 밟히기도 쉬워 이런 방향으로는 진화가 일어나지 않았을 것이다. 그러면 진화의 중간과정은 일어났을까? 이것은 정말 알 수 없는 일이다.

C언어를 배우다 보면 다차원 배열이라는 것이 나온다. 밑의 그림이 이해를 돕기 위해 그려 본 것이다. 다차원 배열에서는 맨 왼쪽의 상자가 오른쪽의 배열을 직접 바로 가리키지만 중간의 상자가 더 있는 것처럼 행동한다. 실제로 출력을 해 보면 혼란을 느낄 수 있을 것이다. 그런데 주소값을 출력해 보면 분명 중간의 이 상자는 존재하지 않는다. 행동은 있는 듯이 하면서도 실제로는 없는 것이다. 그래서 이 중간의 상자는 있는듯하면서도 없는 듯하다.

지구과학적으로 생각해 보면 빅뱅이론은 그 존재를 확실히 알 수 없다. 그래서 이 이론이 허수와 같이 있었는지 없었는지 잘 알 수 없다. 또, 지진에 관해 조사하다가 알게 된 것인데, 어스패리티라는 것이 있다. 이것은 지구 내에 에너지가 점점 축적되지만 외관상으로 움직임이나 주변과 다른 점은 관측되지 않는다. 압력이 점점 쌓이다 보면 큰 진동을 발생시키지만 그 전까지는 이러한 부분이 존재하는지, 또 압력이 존재하는지 잘 알 수 없다.

이제 일상생활에서 실수와 허수를 어떻게 찾아 볼 수 있을지 보겠다. 어느 날 지구과학실의 바닥을 쓸고 있던 때였다. 난 분명 두 번째 실험대 앞을 싹싹 쓸었는데 다시 와 보니 정체불명의 쓰레기가 다시 나타나 있었다. 의아해하면서도 그 쓰레기들을 다시 쓸어 담고 뿌듯해하고 있었는데, 그때까지만 해도 없던 먼지가 다시 생겨난 것이다. 그래서 충격을 먹은 나는 바닥을 또다시 쓸어 봤다. 그랬더니 먼지는 쓸어도 쓸어도 바닥에서 묻어나온다는 것을 알아냈다. 분명 없는데 쓸기만 하면 존재하는 것이었다. 그래서 있는듯하면서도 없는 듯한 이 먼지쓰레기의 존재가 마치 허수와 같다는 생각을 하게 되었다.

마지막 예로는 추리소설에서의 범인의 행방에 대한 것이다. 이 분야는 내가 매우 관심 있어 하는 것이라 접목시켜 보았다. 어떤 미스테리한 사건이 일어나면 범인을 찾기 어렵다. 범인은 어딘가에 숨어 있는 것 같으면서도 좀처럼 나타나지 않는 특성을 지닌 허수이다. 하지만 사건은 명확히 존재한다. 즉, 실수와 같다. 사건은 존재하는데 범인은 존재하지 않을 수 있을까? 어쩌면 그 사건은 모두 실수였을 수도 있다.(수학에서의 실수가 아니라 부주의로 잘못함, 또는 그런 행위를 나타내는 말) 어쩌면 범인은 있는데 우리가 모르는 것일 수도 있다. 범인은 존재하는 것 같으면서도 존재하지 않는 것 같은 허수의 속성을 가졌다.

예전에는 몰랐지만 내가 관심 있는 분야에 이런 수학적 현상을 접목시켜 보고, 일상생활에서 찾아보려 노력하니까 재미도 생기고 흥미도 생기며 더 깊게 관찰하고 보는 눈을 가질 수 있게 되었다.

앞으로 새로운 것을 알아가고 탐구할 때면 반드시 이런 과정을 거쳐 삶 자체에 응용해 보고 싶다.

36
있는 것과 없는 것 _최민우

당신들은 유, 무에 대해서 생각해 봤는가? 그것에 대해 설명하기 위해 이것보다 좋은 방법이 없다고 생각한다.

나는 코카콜라를 좋아한다. 코카콜라를 마시는 것에 대해서 두 가지 경우로 나눠볼 수 있다. 눈을 감고 상상해 봐라. 당신은 여느 때와 같이, 모든 일정이 끝난 후 집으로 돌아왔다. 그리고 냉장고를 열어본다. 코카콜라가 찰랑찰랑할 정도로 남아있다. 처음 때 보다는 김이 샜겠지만, 이 정도면 나는 행복하다. 좋은 건 좋은 거니까.

여기 두 번째 경우가 있다. 또 당신은 당신의 목을 시원하게 해줄 것을 찾으며, 현관에 들어선다. 그리고 냉장고를 열어본다. 눈으로 대충 훑어보지만 반가운 코카콜라의 빨간 로고는 찾아볼 수 없다. 다시 한 번 자세히 봐도 마찬가지다. 당신은 불행하다. 물을 마시며, 수많은 갈고리가 목을 긁는 느낌을 상기시켜본다. 그래도 물은 물이다. 역시 불행하다.

어떤가? 있는 것과 없는 것은 확연히 다르다. 없는 것을 있다고 상상해 봐도, 없는 건 없는 것이 아닌가. 이렇게 우리는 있는 것과 없는 것을 확실히 구분 할 수 있다. 진리가 존재한다면, 이런 것이 아닐까? 위와 같이 작은 콜라병에서 넓은 우주까지도 이 구분은 확실히 할 수 있다. 또 우리의 사고 세계에서도 그 진리는 틀리지 않는다.

수에서 있는 것과 없는 것을 나누자면, 실수와 허수로 나눌 수 있다. 허수는 존재하지 않는 수다. 많은 사람들이 허수에 대해 처음 아는 사람들에게, 허수를 이렇게 설명하곤 한다.

양수와 양수의 곱은 양수이다. 양수와 음수의 곱은 음수이다. 음수와 음수의 곱은 음수이다. 따라서 어떤 수를 제곱하든, 양수가 나오는 것은 당연하다. 그리고 제곱해서 음수가 되는 수는 절대 없다. 그런데 그런 수들이 있다고 생각해 보면 어떨까? 그것이 바로 허수이다. 이런 없는 것을 있다고 하는 것이 허수이다.

허수를 그냥 그렇다고 생각하면, 충분하다. 하지만, 나는 그것에 대해 깊게 생각해 봤을 때, 그것을 결코 인정할 수 없었다. 당신은 물을 콜라라고 생각하고 마실 수 있는가? 또 자신 앞에 차려진 조촐한 밥상을 진수성찬 산해진미라고 생각할 수 있는가? 없다. 허수라고 하는 정의는 틀리지 않은 것 같지만, 인정하는 것부터가 거대한 오류다. 수학을 하는 인간들은 그 오류를 감추기 위해 여러 가지 말을 한다.

대표적으로 허수는 크기 비교를 할 수 없는 것이다. 당연히 오류로 시작하면 오류밖에 있을 수 없고, 짚으로 지은 첫째 돼지는 열심히 지어도 바람 불면 날아간다. 우리는 '지푸라기 임시방편'을 치우고 벽돌집을 지어야 하지 않을까?

37
이상향의 정의는 실수? 허수? _안하정

이상향의 정의는 실수? 허수?

우리가 지향하는 이상향은 실제일까 허상일까. 우리는 하나씩 자신의 이상향을 갖고 있다. 그것이 실제로 존재하는지 또는 존재하지 않는지는 알지 못하지만 우리는 그것을 바라고 쫓고 있다. 물론 간혹 어떤 사람들은 그런 생각은 헛된 상상이라고 하기도 한다.

이상향은 경우에 따라 실수, 또는 허수로 정의할 수 있다고 생각된다. 만약 우리가 각자 정한 이상향에 도달하기 위해 노력한다면. 그 결과로 자신이 원하는 이상향에 도달했다면 그때의 이상향은 실수로 정의할 수 있다고 생각한다. 처음에는 눈에 보이지 않는 자신의 마음속의 세상이었지만 스스로의 노력이 첨가되어 실제로 자신이 바라던 세상이 실현된 것이니까.

반대로 추구하던 이상향에 도달하지 못했다면 그 사람의 이상향은 허수라고 정의할 수 있다. 실제로 노력하지 않고 그저 쫓기만 하는 이상향은 눈에 보이긴 하지만 잡히지 않는 무지개. 즉 허수라고 할 수 있다. 허수에만 머무르는 이상향은 의미가 없다고 생각한다. 허수로 정의되는 이상향을 실수로 정의되게 만드는 것이 비로소 이상향에 도달했다고 볼 수 있는 것 같다.

실수로 정의되는 이상향과 허수로 정의되는 이상향의 차이는 노력 여부의 차이인 것 같다. 자신이 갈망하던 이상향이 얼마나 실현 가능성이 높았는지는 상관없다. 결과에 따른 것이 아니라 과정이나 의미에 따라 실현의 의미가 달라질 수 있다. 만약 평소 시험을 30점 맞던 사람의 이상향이 시험을 100점 맞는 날이라고 가정해보자. 그런데 부정행위를 해서 100점을 맞는다면 결과로는 이상향에 도달했다고 하지만 과정으로 보면 그것은 이상향에 도달했다고 할 수 없다. 반대로 꾸준히 노력해서 90점을 맞았다면 결과적으로는 이상향에 도달하지 않았지만 과정으로 보자면 충분히 이상향에 도달했다고 말할 수 있다.

충북과학고등학교를 다니는 시간동안 우리 모두가 의미가 허수가 아닌 실수로 정의되는 이상향에 도달하길 바란다.

38
꿈은 이루어진다! _오혜수

지금 당신이 있는 곳은 맨땅에서 시작되었다. 지금 당신이 보는 컴퓨터는 고철 덩어리 하나부터 시작되었다. 지금 당신의 존재는 '무(無)'에서 시작되었다. 생각해보았는가? 모든 것의 시작을. 아무것도 없는 것부터 누구에 의해서였건 어떤 방법에서였건 만들어냈고, 결론적으로 '유(有)'가 되었다.

'허수'

실수로는 나타낼 수 없는 이차방정식의 근을 나타내기 위하여 수의 개념을 확장하여 도입한 것. 즉, 필요에 의해 만들어진 것이다. 살기 위해 집을 짓고, 쓰기 위해 물건을 만드는 것처럼 '허수'도 우리가 필요에 의해 만든 것이다. 그런데 왜 부정하는가? 우리가 만든 것을 왜 부정하는가?

허수를 거짓되었다고 말하지 마라. 거짓된 것을 정의하고 거짓된 것을 쓰는 것이 오히려 거짓이 아닌가? 허수는 존재한다. 다만 우리가 표현하지 못하고 볼 수 없는 것뿐이다. 자신의 능력이 부족하다는 이유로 자신이 할 수 없는 것을 부정하지 마라.

지구는 네모나다고 했던 옛날 사람들. 4원소설을 주장했던 아리스토텔레스. 신은 존재하지 않는다고 말하는 사람들. 그들 모두는 더 넓은 것을 볼 수 없었고 알 수 없었기 때문에 좁은 범위에서 살아야했다. 알려고 노력하지 않고 시도하지 않은 그들은 발전을 기대할 수 없었다. 지금 이 말은 거짓을 추종하라 말하는 것이 아니다. 가능성을 믿고 그것을 위해 노력하는 것, 포기 없이 시도하라는 것을 강조하고 싶다.

우리가 살아가면서 존재하지 않는다고 생각하는 것, 할 수 없다고 단정지어버린 것들을 떠올려보자. 허수 i를 제곱하면 -1이 되고, 허수 i를 네제곱하면 1이 되는 것처럼 당신이 포기하고 있던 그 무언가는 여러 번의 시도와 노력이 있다면 결실을 맺을 수 있을 것이다. 물론 허수 i를 제곱해서 -1이 되는 것처럼 실패하고 더 나쁜 결과가 있을 수도 있다. 하지만 그때 포기하지 않는다면 분명 좋은 결과를 얻을 수 있다는 사실을 기억하자.

이런 의미에서 난 '허수'를 꿈이라고 말하고 싶다. 확실하지는 않지만 결코 틀리지도 않는 것. 도전과 노력이 있다면 이룰 수 있는 것.

끝으로 나의 허수가 실수가 되는 그날까지, 내 꿈이 현실이 되는 그날까지, 이 말에서 힘을 빌려 노력할 것을 다짐해본다.

"꿈은 이루어진다!"

39
imagine과 real _김민아

실수와 허수란 말 그대로 실수는 실제로 존재하는 수이고 허수는 실제로 존재하지 않는 가상의 수라고 간략하게 정의 내릴 수 있다. 대다수의 사람들은 이 개념을 들으면 루트 안에 음수가 들어간 꼴로 수학책에서만 볼 수 있다고 생각할 것이다. 하지만 놀랍게도 실수와 허수의 개념은 우리 삶 속에서도 적용될 수 있다.

여러 가지 상황에 따라 적용이 가능한데 여기서 나는 상상(imagine)과 현실(real)에 대해 얘기하고자 한다. 상상은 실제로 존재하지 않는 개인의 머릿속에서만 일어나는 일이다. 반면에 현실은 연속적으로 과거부터 현재까지 모두 다 실제로 일어나는 일이고 오감으로 느낄 수 있다. 현실이란 것은 존재한다는 뜻이다.

개념적인 부분 뿐 만 아니라 실수와 허수의 가장 큰 차이점 중 하나로 꼽을 수 있는 대소 비교 가능 여부에 관해서도 그러하다. 쉬운 예로 3보다는 5가 더 크고 5보다는 9.8이 더 크다. 이처럼 실수에서는 대소 비교가 가능하지만 허수에서는 $\sqrt{-3}$와 $\sqrt{-6.7}$ 둘 중 어느 수가 더 큰지 알 수 없다. 상상도 어느 누구의 상상이 더 좋은지, 원대한지 측정하기 어렵다는 점에서 마찬가지이다.

처음에 글쓰기 숙제를 할 때에는 다소 당혹스러웠다. 실수와 허수를 어떻게 수학 밖의 영역으로 이끌어 낼 것인가? 하지만 주위를 둘러보니 실수와 허수의 개념들은 생활 속에서 쉽게 찾아낼 수 있었다. 실수와 허수 말고도 프랙탈, 카오스 이론과 같은 수학책에서만 볼 수 있을 것 같았던 개념들이 눈에 보이기 시작했다. 생소할 것 같지만 주변과 매우 밀접한 관계를 가진 것들이 많았다. 글쓰기 숙제를 통하여 내 관점이 더욱 넓어진 것 같아 뿌듯한 느낌이 들었다. 더 넓어진 관점으로 세상을 바라보며 견문을 넓혀가도록 나 자신을 가꾸어야겠다.

40
수, 그 존재하지 않는 세계 _이윤규

우리는 대개 '실수는 존재하고, 허수는 존재하지 않는다.'라고 쉽게 논하곤 한다. 하지만 '존재'라는 것은 철학적으로 그리 쉬운 개념이 아니다. 우선 철학적으로 수의 존재에 대해서 논해보자. 존재의 정의는 다음과 같다.

1. 현실에 실제로 있음. 또는 그런 대상.
2. 다른 사람의 주목을 끌 만한 두드러진 품위나 처지. 또는 그런 대상.
3. 의식으로부터 독립하여 외계(外界)에 객관적으로 실재함. 또는 그 일. 그 양상에 따라 물리적 · 수리적 · 사회적 · 인격적인 것 따위로 구분한다.(외계는 감각, 사유의 자아 작용에서 떠나 독립하여 존재하는 모든 사물을 총칭한다. 사유란 경험하여 아는 사실을 비교하여 그 관계를 정하고, 여기에 기초하여 아직 경험하지 않은 지경에 이르는 정신 작용을 말하고, 개념, 판단, 추리의 세작용을 포함한다.)
4. 〈철학〉 형이상학적 의미로, 현상 변화의 기반이 되는 근원적인 실재.
5. 〈철학〉 변증법적 유물론에서, 객관적인 물질의 세계를 이르는 말. 실재보다 추상적이고 넓은 개념이다.

수는 물건의 다소, 대소, 위치, 순서 등을 나타내기 위한 목적에서 생긴 자연수, 정수, 유리수, 실수, 복소수 등을 총칭해 부르는 말이다. 수는 물건의 다소, 대소, 위치, 순서 등 우리의 감각으로 얻은 경험으로 관계를 정하고, 여기에 기초해 아직 경험하지 않은 지경에 이르는 정신 작용으로 탄생했다고 할 수 있다. 이는 수가 자아 작용에서 떠나지 못하고 의식에 존재하는, 실제로는 존재하지 않는 것이라는 뒷받침해준다.

'수'는 '실제로 존재하지 않는 것'이니 더 이상 실수와 허수의 존재성에 대해 말하는 것은 의미가 없다. 따라서 '수'만을 가지고 따질 것이 아니라, 그 '수'와 대응되는 것을 찾아야 할 것이다.

이제 수학적인 관점으로 실수와 허수의 존재에 대해서 논하자. 수직선과 복소평면만 봐도 충분히 설명할 수 있을 것 같다. 실수는 수직선의 모든 점에 대응할 수 있다. 그런데, 허수는 그럴 수 없다. 이것을 우리가 혼동해 부르는 것이다. 우리가 말하는 '실수는 존재하고, 허수는 존재하지 않는다.'는 틀린 말이고, '실수에 대응되는 것은 존재하고, 허수에 대응되는 것은 존재하지 않는다.' 라고 말해야 하는 것이다. 그러면 이제 거센 반론이 튀어나올 것이다. '복소평면에서는 i를 나타낼 수 있는데, 이것은 어떻게 봐야 하는 것인가?' 이 질문은 복소평면을 완벽히 이해하지 못하고 말하는 것이다. 우리가 허수축이라고 부르는 그 축은 허수를 나타낸 것이 아니다. 그것은 허수의 계수인 또 하나의 실수를 나타내는 것이다. 우리는 편리를 위해 허수를 그것과 대응된다고 '생각하고' 그것을 연산할 때의 특성을 고려해 연산한 다음 표시하자는 약속을 한 것일 뿐이다. 그렇기 때문에 실제로 그 점을 나타내는 것은 아니다.

물리에서도 이와 닮은 개념들을 볼 수 있다. 구심력과 원심력이 이 실수와 허수에 대응된다. 구심력은 실제로 존재하는 힘이고, 원심력은 관찰자가 그것을 편리하게 해석하기 위해서 나온 가상적인 힘이다. 또 우리가 관측할 수 있는 것들만 이 세상에 '존재'한다고 한다면, 실수, 허수 각각에 대응되는 물질들의 관계와 똑같지는 않지만, 비슷한 것들을 볼 수 있다. 예를 들어 일반 입자와 초대칭성 이론의 초입자와의 관계, 일반 물질과 음의 질량을 가지는 물질의 관계도 있다.

이 둘의 관계가 실수와 허수의 관계와 약간 다르다고 말하는 것은, 초입자와 음의 질량을 가지는 물질 모두 관측 불가능하다고 증명된 바가 없고, 존재한다고 예측되기 때문이다. 또한 '두 물질이 같다.'라는 이론도 있기 때문에 한 관계로 좁혀질 수도 있다. 어쨌든 초입자는 각각의 물질들마다 대응되는 입자들이 있는데, 이들 입자의 질량은 매우 크다는 이론이 있다. 또한 음의 질량을 가지는 물질은 음의 에너지와 반물질에서 추론되는 물질이다. 반물질은 음의 질량을 가지는 물질이 양의 질량을 가지는 물질로 변환되면서 그 빈 공간이 물질처럼 행동해서 붙여진 이름이다. 이들은 아직 관측되지는 않았기 때문에 허수에 대응되는 물질이라고 할 수 있다.

이번 글을 쓰면서 내가 생각하고 있던 수의 개념에 대해 다시 생각하게 될 수 있어 좋았다. '수가 존재하는 것이 아니라 수에 대응하는 것들이 존재한다.' 나는 지금까지 수에 대한 생각을 하지 않고 있었기 때문에 이번 생각이 신선하고 충격적이었다. 앞으로도 다른 개념들에 대해서도 이렇게 철학적으로 고민해 봐야겠다는 생각을 하게 되었다. 그리고 나는 관련지은 이론들에 대해 그렇게 많이 알고 있지 못해서 이들의 존재에 확신을 가지지 못했다. 하지만 이번 기회를 통하여 이러한 이론들에 대해 더 자세히 알게 되었다. 내가 이러한 이론들에 한 획을 그을 수 있는 사람이 되기를 기원하며 이 글을 마친다.

41
존재하는 것과 존재하지 않는 것 _홍은영

세상은 정말 존재하는 것인가? 나는 컴퓨터 게임 같은 것을 보면서 '우리가 살고 있는 세상도 외부의 다른 물체에 의해 조종되는 건 아닐까?'라는 생각을 한 적이 있다. 지금 이 생각을 하고 있는 순간도 다 조종 되어있는 것은 아닐까라는 생각부터 시작하면 생각 할수록 끝이 없다. 지금 내가 느끼기에는 확실히 존재하지만 만약 게임이라면 존재가 불확실한 가상세계에 불과한 것이다. 이렇게 확실성과 불확실성을 따지는 것은 기준에 달린 것이다.

그러면 과연 '확실히', '완전히' 존재하는 것과 '불확실하게' 존재한다는 차이는 무엇일까? 외계인을 예로 들어보자. 전 세계에는 수많은 UFO 목격자, 외계인 목격자가 있었다. 그러나 확실한 증거가 될 수 있는 것이 없었기 때문에 외계인은 존재하지 않는 다고 말한다.

이때의 외계인은 허수라고 할 수 있다. 그러나 상식적으로 접근한다면 이 우주에는 태양 같은 별이 셀 수 없을 정도로 많다. 이 넓은 우주에서 태양과 비슷한 별과 지구와 태양사이의 거리처럼 딱 적당한 위치에 있는 행성은 많을 것이다. 그렇기 때문에 외계인은 당연히 존재할 수밖에 없다.

이때의 외계인은 실수라고 볼 수 있다. 단지 존재한다고 말했던 것과 존재하지 않는다고 말했던 것의 차이는 우리가 그 행성을 찾을 수 없다는 것뿐이고, 외계인들은 지구라는 행성을 찾아낸 것뿐이다. 이렇게 존재한다는 것과 존재하지 않는다는 것을 결정하는 건 그저 우리가 정해놓은 기준 한에서 우리의 생각을 쉽게 하기 위한 것이 아닐까?

42

UFO는 실수? 아님 허수? _최명규

우리는 생활 속에서 실수와 허수의 내용을 손쉽게 이끌어 낼 수 있다. 실수는 실제로 존재하는 수이다. 하지만 허수는 존재하지 않는다. 다시 말해서 가상의 수이다. 생물을 배우면서 항상 궁금했었던 것이 있는데 그것은 바로 UFO였다. UFO는 실제로 존재하는지 아니면 우리들의 생각 속에만 존재하는 가상의 물체인지 궁금해졌다. UFO는 Unidentified Flying Object의 약자이다.

이것을 해석해보면 밝혀지지 않은 비행 물체이다. UFO에 대한 엄청난 설명들과 그것의 존재여부에 대해서 많은 가설이 나와 있고 현재도 나오고 있다. 또한 UFO를 포착한 사진들도 많이 있다. 그러나 그것이 합성이라고 주장하는 사람들도 있다. 우리는 현재 UFO가 실제존재의 물체인지 아님 허수처럼 실제로 존재하지 않는 물체인지 알 수 없다. 이렇듯이 이것은 실수와 허수인지 정의할 수 없는 새로운 정의의 수라고 표현할 수 있다. 나는 그렇다면 UFO를 실수와 허수도 아닌 복소수의 확장개념인 사원수라고 정의하고 싶다. 사원수 그것은 공간을 표현하는 복소수를 기하학적으로 확장한 신비한 수의 체계라고 할 수 있다. 오늘이 문제를 고민하고 나는 UFO를 사원수라고 비유할 것이다. 다른 분야의 경우, 예를 들어 물리의 측면에서 생각해 볼 때는 원심력에 비유할 수 있다. 우리 생활 속에서도 실수와 허수라는 정의 표현에 맞는 상황들을 많이 찾아볼 수 있다. 우리는 잠을 잔다. 잠을 자면서 우리는 렘수면을 하게 되는데 이때 꿈을 꾸게 된다. 그렇다면 꿈은 현실에서 실제로 일어나는 일인가? 아니다. 이와 같이 꿈은 허수, 현실은 실수라고 할 수 있다.

내가 지금까지 실수와 허수의 정의에 알맞은 비유를 했는데 이와 같이 우리는 수적인 비유를 많이 할 수 있다. 이 글을 매듭지으면서 나는 수의 아름다움과 신비를 느낄 수 있었고, 새로운 수의 개념인 복소수의 공간적 확장의 수인 사원수를 알 수 있었다.

43
실수와 허수, 그 연관성에 대해서… _지상현

사람들이 말할 때, 이 세상은 원자로 이루어져 있다고들 말한다. 그렇다면 원자는 무엇으로 이루어져 있을까? 원자는 원자핵과 전자 그리고 대부분의 빈 공간으로 이루어져 있다. 여기서 중요한 것은 이 빈 공간이라는 것이다. 나를 포함하여 많은 사람들이 원자 모형을 볼 때, 원자핵의 크기가 실제 비율보다 훨씬 크게 나타나 있기 때문에 평소에는 이 빈 공간의 크기를 잘 느끼지 못한다. 그러나 실제 값을 알아본다면 원자핵의 지름은 원자 지름의 $\frac{1}{100000}$ 이다. 이 수치는 원자를 야구장이라고 했을 때 야구장 한 가운데에 있는 모래 알갱이의 지름이라고 한다. 이 값을 세제곱해보면 원자에서 원자핵이 차지하는 비율은 $\frac{1}{1000000000000000}$

라는 것을 알 수 있다. 즉, 원자핵보다도 훨씬 작은 전자의 부피를 무시한다면, 세상에 있는 모든 것의 99.9999999999999%가 비어있는 공간이라는 말이다. 그렇다면 우리가 보고 만지는 것은 겨우 $\frac{1}{1015}$라고 할 수 있다. 하지만 우리는 사물을 볼 때 $\frac{1}{1}$을 보는 것처럼 느낀다. 비어있지만 비어있지 않다. $\frac{1}{1015}$이지만 $\frac{1}{1}$로 느낀다는 말이다. 이것은 마치 존재하지 않는 허수를 존재하는 실수로 느끼는 것 같다. 허수와 실수가 사람의 오감이나 생각에 의해서 연결되어 있다는 것이다.

나는 중학교 1학년, 처음 음수의 곱셈을 배울 때 '음수×음수=양수'가 되는 이유를 생각하기 어려웠다. 왜냐하면 초등학생 때 곱셈을 배울 때 '2×2'라는 식이 있다면 '사과 2개가 들어있는 바구니가 2개 있다.' 이런 식으로 예를 들어 배웠기 때문이다. 그래서 $(-2)\times(-2)$를 '-2가 -2개 있다.'라는 식으로 생각하려다 보니 엄청난 오류가 발생했었다. 하지만 (−)부호가 방향을 나타낸다는 것을 알고 '$(-2)\times(-2)$'라는 식을 이해하게 되었다. 어떻게 생각해보면 허수와 실수도 이와 별반 다르지 않을 것 같다. $(-2)\times(-2)=4$가 되고, $i\times i=-1$이 되기 때문이다.

뭔가 비슷한 점이 보이지 않는가. 음수와 양수가 원점이라는 기준에 대해서 대칭이라면 허수와 실수도 어떠한 기준점에 대하여 대칭일 것만 같다. 그 기준점은 앞에서 언급했듯이 사람의 오감이나 생각이 될 수도 있고, 혹은 다른 '어떠한 것'이 될 수도 있을 것이다. 만약 우리가 살고 있는 이 실수라는 세상을 그 '어떠한 것'에 대해 반전시켜 본다면 실수는 허수가 되고, 허수는 실수가 될 것이다.

이제 일상생활 속에서 그 '어떠한 것'에 대해 생각을 해보자. 세상을 살다보면 허수적인 것들이 많다. 가장 대표적인 예로 시간 같은 것들은 딱히 뭐라고 똑 부러지게 말하기가 힘들다. 단지 흘러가고, 존재할 뿐이다. 하지만 이러한 것들에 의미를 부여하면 그것은 실수적인 것이 된다. 예를 들어 '내가 글을 쓴 시간', '잠을 잔 시간' 등은 실수이다.

왜냐하면 내가 정의할 수 있기 때문이다. 즉, 일상생활 속에서 실수와 허수를 판단하는 가장 중요한 기준점은 바로 '그것이 나에게 주는 의미'가 아닐까?

44
실수 그리고 허수에 대한 생각 _배상현

실수(實數) 그리고 허수(虛數). 이 두 수의 이름을 풀이해보면 실수는 실제로 존재하는 수 허수는 허상의 수 즉 가짜의 수이다.

실제로 존재하는 수인 실수는 유리수와 무리수가 합쳐진 수의 체계로 그래프에서도 이용이 가능하고 여러 가지 사칙연산계산에도 이용된다. 그리고 여러 가지 일과 접목해서 수를 이해할 수 있고 존재 여부를 판단할 수도 있다. 즉 실수의 존재는 누구든지 부정 할 수 없다. 만일 그 존재를 부정하면 많은 사람들이 수학에 대한 혼란을 겪게 될 것이다.

하지만 내 생각에 허수라는 수 체계는 정말 애매모호하다. 허수는 방정식을 풀다가 발견해냈다고 하는데 허수가 참 신기한 게 제곱을 해서 음수가 나오는 수를 나타냈다는 점이다. 이것은 제곱하면 양의 수가 된다는 말에 거짓으로 몇몇 옛날 사람들은 허수가 근으로 나오는 방적식이 거짓된 방정식인지 아니면 새로운 수체계의 발견이었을지 궁금해 했을 것이다.(지금의 나는 배워서 알지만 의문점이 간다.) 그래서 허수라는 수체계가 이렇기 때문에 사람들은 아마도 허수를 허상의 수라고 이름 지었을 것 같다. 그러나 내 생각은 약간 다르다.

허수는 실제로 존재하는 수라고 생각한다. 왜냐하면 허수는 존재하지 않는 수라고 정의 되었으면서 사칙연산 모두로 계산이 된다. 또 여러 가지 상황에 적용이 된다. 예를 들면 허수는 물리에서의 벡터의 합에서도 이용이 되고, 방정식의 해가 되기도 한다. 여러 가지 증명에 허수가 들어가고, 오일러공식에도 허수가 등장한다. 또한 허수는 복소평면에 나타낼 수도 있어 눈에 보이는 수라고 할 수 있다. 이런 수를 가짜의 수라고 하기에는 좀 이상하지 않은가?

이런 수 체계에 감히 반론을 들자면 '실수', '허수'라고 이름을 붙인 것이 이해가 가질 않는다. 실수는 좌표계에 나타낼 수 있는 수 이어서 실수라고 이름이 붙여졌다. 하지만 허수도 복소평면에 그려지지 않는가? 실수도 실제 생활 자연 현상에 적용할 수도 있는데 허수도 적용될 수 있지 않은가? 이 둘의 차이점은 제곱해서 양의 수, 음의 수가 된다는 점이 아닌가? 먼저 실수가 나오게 되고 그 뜻에 상반되는 말인 허수란 이름을 사용하게 되었을까? 정말 심오하고 애매하고 이해하기 어려운 수학인 듯싶다.

45
존재하나 존재하지 않는 것. 이해가 되니? 안 되니? _함길완

먼저 실수와 허수는 어떤 것 일까?

실수란 유리수와 무리수를 통틀어 이르는 말로 사칙 연산이 가능하고, 양수 · 음수 · 0의 구분이 있으며 크기의 차례가 있다. 허수란 실수가 아닌 수, 존재하지 않는 수, 인위적인 수. 사칙연산은 가능하나 대소판별은 불가능하다.

사람들은 보통 위와 같이 실수와 허수를 나눈다. 그러나 우리들은 한 걸음 더 나아가서 다양한 관점으로 실수와 허수를 바라보자. 동식물이 영양분을 섭취하여 물질대사를 하며 생명현상을 이어가는 것. 사람과 사람사이의 인간관계, 우리들이 해야 하는 공부와 과제들. 위의 것들은 실제로 존재하며, 상황에 따라 형태가 바뀐다. 따라서 실수의 성질을 가지고 있다고 할 수 있다.

바이러스는 허수의 성질을 가지고 있다고 볼 수 있다. 바이러스는 물질대사와 증식과 유전을 한다는 생물적 특징을 가지고 있다. 그러나 세포막이 없어서 세포의 체제를 갖추지 못하고 숙주 세포 밖에선 단백질 결정체에 불과한 점, 그리고 스스로 물질 대사를 못하는 무생물적 특징 또한 동시에 가지고 있다.

GMO, 줄기세포 등 생명공학 또한 허수의 성질을 가지고 있다고 볼 수 있다.

원래는 존재하지 않았으나 편리한 계산을 위해 생긴 허수처럼 기술이 발달하게 되면서 인간의 편리함을 위해 생겨난 생명공학은 비슷한 탄생 배경을 가지고 있다.

플라톤의 '이데아'라는 이론이 있다. 현재 우리들이 살아가는 세계는 허위이며 따라서 우리가 느끼는 모든 물건, 현상이 가짜라는 것이다. 반면에 이데아라는 이상적인 공간이 있다. 그 곳에 있는 물체와 현상만이 진짜라는 것이 플라톤의 '이데아'의 대략적인 이론이다. 따라서 허위이며 불안정한 우리들이 살아가는 세계를 허수에, 진짜이며 완전한 이데아를 실수에 적용시켜볼 수 있다.

46
보이는 것과 보이지 않는 것 _유성현

실수라는 것은 눈에 보이며, 표현할 수 있고 충분히 상상할 수 있는 수이다. 반면 허수라는 것은 i로 표현은 할 수 있고 상상할 수 있는 수이지만, 눈에는 보이지 않는 수이다.

이러한 성질과 같은 것들을 '화학'이라는 학문에 적용시켜 보자. 기본적으로 실수에 대응시킬 수 있는 화학적 개념은 주기율표이다. 주기율표는 원소들을 일종의 규칙을 가지고 성질별로 배열한 것이다. 주기율표는 눈에 보이며, 표현할 수 있고 충분히 상상할 수 있다. 그러므로 주기율표는 일종의 실수의 개념으로 대응시킬 수 있다. 그렇다면 주기율표에 있는 각각의 원소들의 입장에서 더욱 깊이 파고 들어가 보자. 각각의 원소들은 각각의 원소기호와 원자 번호로 표현 할 수 있고 어떠한 성질을 갖는지 충분히 상상할 수 있다. 하지만 우리의 눈에는 보이지 않는다. 즉 이는 허수의 개념과 대응시킬 수 있다.

이번에는 실수와, 허수를 다른 각도로 접근해 보자. 구체적으로 생각해 보면 허수와 실수는 관련이 깊다. 놀랍게도 허수를 제곱하면 -1 즉 실수가 나오게 된다. 즉 허수는 실수가 될 수 있다. 이 말은 즉 실수도 허수가 될 수 있다는 것이다. 다시 화학이라는 학문에서 이러한 실수, 허수의 개념을 동시에 만족시키는 것을 찾아보자. 대표적인 것이 바로 엔트로피이다.

화학에서는 엔트로피를 계의 무질서에 대한 열역학적 척도로 정의한다. 즉 엔트로피가 클수록 무질서해진다는 것이고 작을수록 질서적으로 된다는 것이다. 또 엔트로피는 등온과정에서 열량을 온도로 나눈 값으로 정의한다. 즉 각각의 온도와 상태에 있어서는 엔트로피의 절댓값이 있다는 것이다. 즉 이는 실수의 개념으로 대응시킬 수 있다. 다른 관점에서 보면 엔트로피는 열역학적 척도이므로 눈에 보이지 않는다. 즉 이것은 또한 허수의 개념으로 대응시킬 수 있다.

다른 학문에서는 어떨까? 지구과학에서는 암흑물질이라는 것이 대표적일 수 있을 것이다.

암흑물질은 우주의 90%를 차지할 정도로 큰 비중을 차지하고 있다. 존재하고 있다는 것, 즉 이는 실수의 개념으로 통칭된다. 하지만 암흑물질이라는 것은 x선, 감마선 같은 전자기파로도 관측 되지 않고 오직 중력으로만 관측 된다. 즉, 아직까지 인간이 직접적으로 확인할 수 없다. 이는 허수의 개념으로 통칭된다.

허수와 실수가 여러 학문에 쓰이고 있다. 보이는 것과 안 보이는 것. 이것이 자연의 신비가 아닐까 싶다.

47
확실성과 불확실성 _양수현

우리는 살아가면서 많은 것들을 만나게 된다. 그 중에는 그 성질이 뚜렷하여 정의할 수 있으며 쉽게 표현 가능한 것도 있고, 그 존재의 여부조차 불확실하여 애매모호하거나 표현하기 어려운 것들도 있다. 전자의 경우는 수로 따지면 실수와 같은 특성을 지니고, 후자의 경우 허수와 같은 특성을 지니는데, 그런 예들을 우리 주변에서 많이 찾아볼 수 있다.

먼저 물리에서 배우게 되는 물체의 여러 가지 운동을 예로 들어 보자. 역학을 배우다 보면 물체들의 다양한 운동을 볼 수 있다. 물체를 아래에서 던지기도 하고, 위에서 떨어뜨리기도 하며 빗면에 올려놓기도 한다. 처음에 주어지는 힘의 방향에 따라 물체가 연직 방향으로 운동하기도 하고, 포물선 운동을 하기도 한다. 또한 각각의 경우마다 속도, 가속도, 시간, 방향 등 모든 조건과 값들이 달라지며 같은 운동에서도 공기저항이나 마찰과 같은 조건을 고려하는지 고려하지 않는지에 따라 값이 달라진다. 하지만 이런 다양한 운동들은 모두 수식이나 그림 등으로 나타낼 수 있고 예측 가능하다.

그리고 충분한 정보와 값이 주어진다면 그 운동과 관련된 값들을 직접 계산해서 구할 수도 있다. 즉 이들은 나타내는 것이 뚜렷하고 측정 가능한 대상들이므로 실수적 특성을 지닌다고 말할 수 있다.

또 다른 예로는 화학에서 볼 수 있는 여러 가지 결합들을 들 수 있다.

금속 결합이나 이온 결합, 공유 결합과 같은 결합들은 비록 매우 작은 원자 단위의 세계에서 다루어지는 것들이기 때문에 맨눈으로 관찰하거나 보기는 힘들지만, 각각의 결합이 어떤 것이고 그 특성이 무엇인지는 정의할 수 있다. 또 어떤 물질이 어떤 결합에 속하는지도 알 수 있다. 따라서 여러 결합들은 그 규모가 매우 작아서 일상생활에서 쉽게 관찰할 수 없을 뿐이지 충분히 명확하고 뚜렷한 대상이다.

그렇다면 허수적인 특성을 가지는 예로는 어떤 것이 있을까? 전자구름, 또는 오비탈이라는 것이 그 예가 될 수 있을 것이다. 화학에서 말하는 원자 모형은 여러 변화를 겪어 왔는데, 돌턴, 톰슨, 러더퍼드, 보어 등이 내놓은 원자 모형을 거쳐 지금 쓰이고 있는 것이 바로 오비탈 모형이다.

오비탈의 정의는 '일정한 에너지의 전자가 원자핵 주위에 존재하는 확률 분포 상태'로써, 그 정의에서부터 확률이라는 개념이 들어간다. 즉 오비탈은 말 그대로 전자가 어떤 위치에 존재할 가능성만 나타내고 물리에서처럼 어떤 시간에는 이 물체가 어느 위치에 있을 것이라고 예측해 주지 않는다.

지구과학 시간에 배운 암흑물질이라는 개념도 허수적인 특성을 갖고 있다. 암흑 물질(Dark Matter)이란 전파, 적외선, 가시광선, 자외선, 감마선 등의 전자기파로 관측되지 않고 오직 중력을 통해서만 그 존재를 인식할 수 있는 물질을 말한다. 즉 보이지도 않고 관측할 수도 없으며, 은하의 총 질량을 계산할 때 전자기파로 계산한 값이 중력적 효과로 계산한 값보다 작다는 사실로 그 존재를 유추할 수 있을 뿐이다. 이러한 암흑물질의 존재는 현재 정설로 인정되고 있지만 그 구성 입자가 무엇인지는 아직 알려진 바가 없다.

지금까지 살펴보았듯이 우리 주변에는 실수의 성질을 가진 것도 있고, 허수의 성질을 가진 것도 있다. 만일 세상에 실수적인 것만 있다면, 또는 허수적인 것만 있다면 지금과 같은 조화와 균형을 이루지 못할 것이다. 규칙적이고 명료한 것들만 존재한다면 매우 지루하고 기계적인 세상이 될 것이고, 애매모호하고 불확실한 것들만 존재한다면 너무 예측하기 어려운 세상이 될 것이다. 실수와 허수가 모여 복소수라는 하나의 커다란 수를 이루듯이, 우리의 세상에서도 실수적인 것들과 허수적인 것들이 잘 어우러져 조화를 이루었으면 한다.

48
보이니? 안보이니? 신기하지 않니? _남종석

실수란 생각 할 수 있으며, 눈으로 볼 수 있는 수를 의미한다고 가정하자. 허수란 생각만 할 수 있으며, 눈으로 볼 수 없는 수를 의미한다고 가정하자. 원자에 대해서 생각해보자. 원자를 그냥 눈으로 보기에는 불가능 하지만 전자현미경을 이용하여 볼 수 있다. 그리고 원자의 모습 또한 양성자와 중성자가 뭉쳐져서 핵을 이루고 있다는 것을 눈으로 볼 수 있고, 생각 할 수도 있다. 그러니 양성자, 중성자라는 것은 일단 실수의 개념이다. 여기서 조금 더 미시적으로 파고 들어가 보자.

전자는 그 자체가 -1의 전하를 띄고 있는 물질이다. 그런 핵의 주변을 에너지 준위에 따라 아주 크게 특수한 확률적분포를 그리며 돌아다니는 전자가 있다는 것은 눈으로 확인 할 수 없으며, 생각만 할 수 있다. 양성자가 양전하를 띄는 것은 $+\frac{2}{3}$의 전하를 띄는 u쿼크와 $-\frac{1}{3}$의 전하를 띄는 d쿼크의 결합으로 만들어지는데, 이를 uud쿼크라고 한다.

같은 원리로 중성자가 중성을 띄는 것은 중성자가 udd쿼크이기 때문이다. 그러면 이 쿼크라는 것은 과연 눈으로 볼 수 있는 것일까? 일단 보이지 않는다고 할 수 있다. 원자핵도 잘 보지 못하면서 그보다 무려 몇 만 배나 더 작은 쿼크를 본다는 것은 아직 우리의 기술로는 불가능 하다. 쿼크나 전자는 복소수처럼 생각만 할 수 있고, 눈으로 보는데 무리가 있으므로 허수의 개념으로 볼 수 있다.

그렇다면 현미경이 더욱 발달해서 쿼크나 전자의 개념을 확인 할 수 있다면 그것은 어떻게 되는 것일까? 그렇게 된다면 눈에 보이기도하고 생각도 할 수 있다는 실수의 조건을 만족하므로 실수가 될 수 있다. 결국 현미경의 발달은 허수를 실수로 나타내는 도구로써 사용된 것이라고 할 수 있다. 수학에서도 이게 가능한 걸까? 복소수 i가 있다고 생각해보자. 복소수 i를 제곱해주면 -1로 실수가 된다. 결국 제곱은 이 상황에서 허수를 실수로 바꿔주는 도구로써 사용된 것이다.

이를 정리하면 현미경의 발달은 거듭제곱은 화학에 있어서 동치이다. 지금까지 화학에 실수, 허수를 접목한 나의 생각이었다.

49
나와 너, 우주의 연결고리 _신재혁

생물과 관련 지어 본다.

실수: 유리수와 무리수의 개념을 통하면 두 개념을 합친 것이 실수이다. 그것은 유리수의 개념인 생물체 내에서 일어나는 모든 메커니즘들이, 각각의 특징을 지니고 있는 개체라는 무리수 내에 내포되어있을 뿐 아니라, 그것들이 서로 상호간에 구성을 하고 있다는 사실이다. 따라서 우리 개체 각각은 실수이다. 또한 우리뿐만 아니라 주변의 생물들이 지구를 구성한다. 그런 생물들 또한 실수이며 그런 생물들이 있는 이 공간들 또한 실수이다. 결국 지구상의 생물들은 모두 실수라고 말할 수 있다.

허수: 상상의 허수, 그렇다면 이 허수는 생물에서 어떤 개념일까? 간단하게 생각해보면 상상(想像). 생각하는 자체가 허수라는 개념일 수 있다. 실제로는 수많은 뇌파들과 신경계들의 상호작용에 의해 일어나는 실수일지 모르겠지만 우리가 생각하는 것을 관측기구 없이(있어도) 직접 볼 수는 없지 않은가? 우리는 글자와 그림을 동시에 생각할 수 있다. 소수의 동물들이 이런 작용을 할 수 있다. 보이지 않는 수, 허수는 우리의 생각에서 탄생한 것이기도 하다. 따라서 생물에서의 허수개념은 우리의 생각인 것 같다.

다른 전공에서 생각할 수 있는 실수와 허수의 개념을 살펴보자.

현대의 화학에서는 원자의 구조를 오비탈(Orbital)이라는 확률적 구조로 설명하게 된다. 이는 전자를 일정한 궤도를 도는 것이 아니라 전자구름의 형식으로 전자가 분포하게 된다. 따라서 그 전자들의 확률적 분포를 따지는 것이 오비탈인데 이는 훈트의 법칙과 에너지 준위차이 때문에 차이가 나게 된다. 또 원자의 종류에 따라서 각각 동일하다. 그러므로 전자의 수는 일정해 그 공간의 영역에서의 확률은 실수를 나타내게 된다.

은하수를 관찰하게 되면 은하의 중간 중간 별빛이 차단된 구간이 나타난다. 그것은 별이 존재하지 않거나 암흑물질이라는 물질 때문이다. 암흑물질이란 우주 사이사이 공간의 빈 공간에 존재하는 물질로서 우리 눈에는 보이지 않으면서 우주공간에 존재하는 물질이다. 이런 암흑물질이야말로 진정한 허수의 표본이 아닌가 생각한다.

이제 자신의 삶 속에서, 친구들과의 관계 속, 학교생활에서 생각할 수 있는 실수와 허수의 개념을 살펴보자.

우리가 현재 시간을 계속 사용하면서 미래 쪽으로 몸을 기울이고 있다. 그런데 이런 시간 1분 1초가 어떤 때는 귀중하게 어떤 때는 귀찮게 느껴질 때가 있다. 이 이유는 무엇일까? 이는 현재를 살아가는 태도의 차이이며 이는 또한 불안과 관계가 있다. 보통 실수 내의 무리수는 계속 비순환소수로 불안한 상태에서 수를 확장한다. 그래서 사람들은 불안을 느끼게 되는데 그때는 1분 1초가 지나가는 것에 대해 민감해 지게 되어 귀중하게 느껴지는 것이라 할 수 있다.

허수: 이는 그 누구도 예측하기 어려운 삶의 미래이다. 우리의 삶에서는 수많은 위험요소와 즐거운 추억들이 두서없이 급작스럽게 발발할 때가 태반이다. 어떤 상황에서 나는 이런 결과를 예측했지만 오히려 정반대의 결과가 도출되는 경우도 많다. 미래는 보이지 않지만 존재 할 수 있다. 또는 어쩌면 존재 하지 않을 수도 있다. 미래는 원하는 대로 돌려질 수 없다. "미래는 네 운명"이라는 말도 들은 적 있다. 운명. 운명 또한 보이지 않지만 존재는 할 수 있다. 미래의 방향은 운명이다. 우리는 허수를 향하며 실수의 길을 걷고 있는 셈이다.

50
아직은 허수. 타키온 _서준용

아무리 에너지를 가해도 빛의 속도보다 느리게 운동하는 입자를 타지온(Tardion, 타르디온), 빛의 속도로만 운동하는 입자를 룩손(Luxon), 빛의 속도보다 빠르게 움직이며 에너지를 가하면 속도가 줄어드는(빛의 속도보다 큰 범위에서) 입자를 타키온(Tachyon)이라고 한다. 이때 내가 이야기하고 싶은 것은 세상에 널리고 널린 타지온도, 항상 우리가 느끼는 룩손도 아닌 타키온이다. 타키온은 앞에서 말했듯이 빛보다 빠른 속도로 운동하는 입자를 말하며 아직까지 그 존재가 규명된 적은 없다.

그렇기에 과학회에서는 타키온의 존재를 부정하려는 의견이 대다수이다. 하지만 나는 타키온이 존재한다고 믿는다. 아인슈타인의 특수상대성이론인 따르면 입자는 운동할 때 그 질량(물론 상대적인 시간, 크기도 함께 변하지만…)이 변한다. 이 때 이 식은 $v<c$의 범위에서만 성립했지만(속도가 빨라질수록 무거워진다.) 만약 $v>c$인 입자(타키온)가 나타난다면 그 입자의 질량은 허수가 될 것이다. 타키온에 에너지를 가하면 그 질량이 허수이기 때문에 타키온이 가진 에너지가 무한대가 되면 빛의 속도를 가지며, 에너지가 0이 되면 무한대의 속도를 가진다.

이 말이 언뜻 들으면 말도 안되는 것처럼 느껴지지만 이미 우리는 질량이 0인 입자를 규명해 놓고 있다. 그 물질들이 바로 광자나 중력자가 속하는 룩손이다. 이미 질량이 실수인 물체들이 있는데 허수인 입자가 없으리란 보장은 없다. 물론 내가 질량이 허수인 입자를 규명하려는 것은 아니다. 단지 그 존재가 불명확할 뿐이며 나는 그 존재를 믿고 싶다는 것을 말하려는 것뿐이다.

만일 타키온이 존재한다면 어떻게 될까? 타키온은 빛보다 빨리 운동하는 입자이기 때문에 이론상으론 시간을 역행한다. 그렇다면 우린 과거로 진행하는 타임머신을 만들 수 있다는 것이다. 이 얼마나 허수적이고 비(非)존재적인 생각인가. 타임머신이라니….

난 타키온이 존재한다고 믿는다. 지금까지 내가 봐 온 우주는 항상 대칭적이고 규칙적이며 아름다운 형태를 갖추고 있었다. 실제로 반물질도 존재하며 쿼크 역시 그 전하가 서로 대칭적이다. 우리가 항상 접하는 물질이 비록 타지온일지 몰라도 나는 어딘가에, 우리가 규명할 수 없는 타키온이 존재할 것이라고 믿는다.

51
꿈의 마법사 _최원홍

인간을 꿈을 꾼다. 꿈속은 이상적인 공간으로, 우리가 현실 세계에서 할 수 없는 많은 활동들을 할 수 있다. 우리가 흔히 말하는 '루시드 드림'(꿈속을 마음대로 조종하는 활동)에 능한 사람들은 이런 꿈의 특성을 이용해 꿈속에서 자신이 원하는 다양한 활동들을 한다. 시험 기간엔 시험공부를 꿈속에서 하기도 하고, 자신이 실생활에서 할 수 없는 다양한 활동들—하늘을 날거나, 만화주인공처럼 괴물에 맞서 싸우기—도 한다. 또, 이성에게 자신의 마음을 고백하는, 삶의 터닝 포인트를 연습하는 공간으로도 쓸 수도 있다. 참 유용하지 않은가.

하지만 이건 언제까지나 꿈일 뿐, 우리의 실제 삶을 결정하는 건 현실 세계이다. 현실 세계에서의 결과물이 우리의 삶에 직접적으로 적용되고, 우리의 미래를 결정한다. 꿈이란 그저 허황된 다른 차원의 세계라고 생각할 수 있다. 하지만 루시드 드림과 같은 도구를 사용한다면 꿈을 현실을 맛깔나게 바꾸어주는 양념으로 사용할 수 있을 것이다.

수학에서도 이와 비슷한 관계에 놓여 있는 개념이 있는데, 바로 실수와 허수의 개념이다. 실수는 우리의 일상생활에서도 접할 수 있는 수로, 통상적으로 '실제로 존재한다.'고 일컬어지는 수이다. "실제로 숫자 자체가 존재하느냐?"라는 질문에 답하기는 쉽지 않다. 우리는 수를 개, 배 만큼의 단위를 사용해 표현한다. '실제로 존재한다.'라고 말한 것은 우리 주위에서 단위를 사용해 자주 사용된다고 말한 것과 같다.

우리는 실수의 사용으로 우리 주위에서 일어나는 다양한 현상들을 설명하고, 우리 사회를 조직하곤 한다. 그런데 수학자들은 수학에서 '꿈'과 같은 수인 허수를 정의했다. 허수의 기본단위인 i는 제곱해서 -1이 되는 수로, 일반 실수와 비교할 수 없는 수이다. 수학자들은 이 꿈과 같은 수를 창조해냄으로 인간이 생각할 수 있는 폭을 매우 넓혔고, 허수를 해결되지 않았던 미지의 영역을 밝히는 등대로 사용하는데 성공하였다. 그러므로 허수는 밋밋한 실제 세계를 더 풍요롭게 해주는 꿈의 레시피라 말할 수 있다. 가히 꿈의 마법사라 부를 수 있지 않은가?

52
느끼다, 느끼지 못하다 _이재림

흔히들 조금 독특하거나 발상이 특이한 사람을 일컬어 4차원이라고 한다. 다들 말로는 "사차원, 사차원" 쉽게 말하지만 정작 사차원에 대해 정확히 알고 있는 사람은 드물다. 사차원이란, '공간과 시간은 네 개의 실수로 나타낼 수 있음을 이르는 말. 공간의 삼차원에 시간이 더해진 것이다.' 라는 정의를 가지고 있다. 3차원에 살고 있는 우리지만 우리가 보는 것에는 2차원이라는 한계가 있다. 이처럼 우리는 4차원을 느낄 수도 없고 심지어 3차원을 느낄 수도 없다. 그렇다면 3차원에 살고 있는 우리들은 4차원이 있다는 것을 어떻게 알 수 있을까?

나는 우리가 살고 있는 3차원과 우리가 느낄 수 있는 2차원, 1차원을 실수라 하고 우리가 느낄 수 없고 (현대의 기술로는) 갈 수도 없는 4차원~n차원을 허수라 하겠다. 그렇담, 종교는 어떨까?

나 또한 하나의 종교인으로서 힘들고 어려울 때면 신에게 기대는 경향이 있다. 그러나 신의 존재에 대해 나에게 묻는다면 나는 고개를 갸웃할 것이다. 솔직히 말해 신이 존재하는가에 대해 확신할 수가 없다. 그렇다고 해서 내가 나의 종교를 믿지 않는다거나 배척한다는 것은 더더욱 아니다.

종교와 신을 믿고 의지하지만 눈에 보이지 않는 그 존재에 대해 확신할 순 없으므로 여기서 나는 종교에 대한 나의 믿음을 실수라, 신의 존재를 허수라 칭하고 싶다. 그 대상을 실수라 할 수도 있겠지만, 나는 '존재한다.'의 실수를 믿음과 감각이라, 그 대상을 허수에 비유하고 싶다.

작은 씨앗이 땅에 떨어져 많은 열매를 가지게 한다
왜 그럴까?
자연은 그렇다
1이 10도 될 수 있고, 1이 100도 될 수 있는 게 자연이다

수학은 수학일 뿐
자연에게 배울 것이 너무 많다
자연을 수학으로 이해하는 게 가능할까?

세상은 작은 것도 소중하다
1이 100이 될 수 있으니까!
내가 세상이 될 수 있으니까!

초기치의 민감성으로 나의 한계를 넘어서다

PART 3

01
선택, 그에 길이 달렸다 _양세린

지난 수학 수업시간에 엑셀을 이용하여 초기치의 민감성에 대한 수업을 하였다. 작은 값에 의해서 나타나는 결과 값이 굉장한 차이를 보였는데. 0.01이라는 작은 숫자에도 큰 편차를 보이는 결과 값이 신기하고 놀라웠다.

모든 학문은 인생과 연관성을 보인다. 그렇다면 초기치의 민감성이라는 것은 어떠한 것과 연관될까?

나는 이번 주말에 며칠 전에 방영된 '엄마의 고백'이라는 다큐를 보게 되어서 이것을 선택이라는 점에서 관련을 지어보고 싶었다. 영상 속 주인공 소향은 이제 막 20대에 접어든 교도소 수감자로 한 아이, 가은이의 엄마이다. 한 시간 가량의 영상 속에서 20년간 그녀가 수많은 선택의 오를 범함을 엿볼 수 있었다.

선택, 그것은 인생을 웃게도 울게도 만든다. 예를 들어서 수학 문제를 풀다가. '+'를 '÷'로 잘못 계산하게 되면 답이 달라지는 것처럼 한 번의 선택이 작게, 또는 크게 인생을 바꿔놓는다.

사람들은 미래의 자기모습을 볼 수 있기를 원한다. 하지만 그것은 불가능하다. 앞으로 어떤 상황이 닥칠지는 가던 길을 약간만 뒤틀어도 바뀐다. 원래 가던 경로를 돌아가면 겪는 일이 다른 것처럼 우리는 그렇게 조금씩 변화된 길을 선택함으로써 각자의 미래를 새롭게 만든다. 내가 보게 된 다큐 속의 그녀는 다시 과거로 돌아가고 싶다고 줄곧 말한다.

처음부터 내가 그런 일을 하지 않았으면 이런 악한 상황까지는 오지 않았을 거라면서 말이다. 모든 이들의 후회 속에는 더 나은 미래를 향한 열망이 담긴다. 그러하기에 조금 더 선택에 신중해져야 한다.

모든 것은 선택의 연속이라고 한다. 하나의 선택이 인생에 어떠한 영향을 미칠지는 모르는 일이다. 오늘 하루를, 한 달을, 또는 일 년을 어떻게 보내느냐. 큰 선택부터 내가 지금 어떠한 행동을 할 것인지에 대한 사소한 것까지 어느 것 하나 제외시킬 수 없이 모두 중요하다. 작은 선택 하나하나를 조금 더 중요하게 생각해야 할 필요성이 있지 않을까?

02
초기치의 민감성을 통해 깨달은 삶의 태도 _신준석

카오스 이론은 복잡한 현대의 많은 현상을 설명하는 데 유용하게 사용된다. 카오스는 겉으로 보기에는 불규칙하고 불안정해 보이는 현상에서 규칙을 찾아내어 설명하는 이론이다. 이러한 현상으로는 증권시장에서 주식 가격의 변화, 나뭇잎의 낙하운동, 물의 난류 현상, 회오리바람, 태풍이나 지진 메커니즘 등이 있다.

카오스의 가장 잘 알려진 특성 중 하나는 초기 조건의 민감성이다. 1960년 미국의 에드워드 로렌츠는 기상 시뮬레이션을 돌리던 중 0.375485의 초기치를 0.37548의 값으로 설정했을 때 전혀 다른 결과를 낳는다는 것을 발견하였다. 그는 브라질에서 나비의 날갯짓이 텍사스에서는 폭풍을 불러일으킨다는 논문을 발표하였고 이것은 나비효과라고 불린다.

이러한 초기 조건의 민감성과 프랙탈 등을 바탕으로 발전한 카오스 이론으로 수학, 물리학뿐만 아니라 현대 사회의 여러 현상 등을 설명할 수 있지만 나는 초기치의 민감성을 우리의 실생활에 접목시키고 싶다.

어른들은 때때로 공부에도 때가 있다며 학창 시절을 후회하곤 한다. 현재 학생인 내가 하루하루를 어떻게 사느냐에 따라 미래가 달라진다. 대부분의 학생들은 자신이 이루고 싶은 것을 알고 있다. 그러나 현재만 생각하고 이 순간만큼은 예외라며 성공과는 먼 즐거움을 찾는 경우가 다수이다. 물론 적당한 즐거움은 휴식의 의미로 받아들여질 수 있으나 그러한 순간순간들이 쌓여 결국 나중에 성공과는 돌이킬 수 없이 멀리 와있는 자신을 발견할지도 모른다. 초기치의 민감성을 생각하면서 나도 지금까지 이렇게 살아온 것을 후회하고 반성하며 지금부터라도 매순간 꿈을 위해 살아가야겠다.

03
초기치의 민감성 별거 아니네 _전주형

초기치가 얼마나 중요한지 모르는 사람이 있다. 수학의 경우도 수많은 수열에서 초항에 따라서 마지막 값이 무지하게 크게 커지거나 작아질 수가 있다.

만약 가우스나 페르마, 피타고라스와 같은 많은 수학자가 없었다면 우리는 지금과 같은 수학공부를 안했을지도 모른다. 그리고 우리의 많은 문화가 바뀌어있을 것이다.

실생활에서 물질의 경우도 분자의 구조가 조금씩만 틀어져 있어도 다른 물질이 되어 버린다. 그리고 그 구조에서 그 작은 원자 하나가 바뀌어도 새로운 물질이 탄생한다. 이산화탄소의 경우에 산소원자가 하나만 빠지게 되어도 순식간에 독성물질인 일산화탄소가 되어버린다. 하지만 실제로는 이렇게 원자 하나가 빠지거나 추가 되는 게 거의 불가능하다. 연금술사들이 금을 새로 만들지 못한 이유가 바로 이 때문이다. 우리의 몸을 이루고 있는 세포구조와 DNA라는 물질의 배열이 조금만 달라져도 우리는 인간이 아닌 다른 생명체가 되어 있을 것이다. 아니면 인간이지만 장애가 있는 몸으로 태어났을지도 모른다.

현재 지구 온난화가 활발하게 일어나고 있다. 그러나 실제로 지구의 평균온도는 고작 지난 100년 동안 0.74도 올랐다. 크게 이상이 없는 변화처럼 느껴진다. 겨우 약 1도 오른 것이 뭐가 다를까 궁금해 할 것이다. 그러나 이런 작은 온도의 변화에 양서류는 멸종 할 수 있다. 또한 수 억명의 사람들이 물을 못 먹는 현상이 올 수 있다.

이러한 초기치의 민감성에 대표적인 예가 카오스 이론이다. 무질서 속에서 초기치가 조금만 바뀌게 되어도 전혀 다른 결과가 생겨나거나 나비 효과와 같이 엄청나게 거대한 상황을 이끌어 올 수도 있다. 고등학교 1학년 때 중간고사에서 수학 1개를 더 틀리는 작은 일로 한 등급이 떨어지고 그 때문에 대학교를 떨어져서 결국 원하는 직업을 얻지 못하는 큰 결과가 생길 수 있다. 물론 초기치의 민감성으로 인해 이렇게 나쁜 경우도 있지만 좋은 경우도 많다. 예를 들면 시험에서 마킹을 하다가 실수로 한 개를 밀려 써서 정답이 다 밀리게 되었는데 오히려 그것이 다 맞은 경우가 있을지도 모른다. 이처럼 초기치의 민감성은 엄청나다.

그러나 나는 초기치의 민감성보다 노력이 더 중요하다는 걸 보이고 싶다. 비록 이번 첫 시험을 잘 보려고 했는데 공부를 안 하는 바람에 망쳐버렸지만 다음 시험은 반드시 잘 볼 것이다.

04
벌점, 그 사소한 시작 _이선용

내 전공분야인 물리에서 초기치의 민감성을 설명하자면 이런 예를 들 수 있다. 기체 분자 하나의 작은 움직임으로 인해서 카르만의 소용돌이의 형태가 매우 크게 바뀌게 된다. 그리고 만일 현실에서의 중력 상수가 0.0001이라도 바뀐다면 지금 당장 태양계는 붕괴 될 것이고, 우주는 중력수축하는 힘보다 팽창하는 힘이 강해 결국 붕괴될 것이다. 이게 바로 우주 단위에서의 초기치의 민감성이다. 또한 원자핵의 무게가 지금보다 단 0.01g이 무겁더라도 현재의 물 1L의 무게보다 훨씬 더 커질 것이다.

수학에서는 무한 등비급수의 공차가 1과 단 0.0001이 작거나 커도 0 또는 무한대의 극단적인 차이를 보이게 된다. 또한 화학에서는 화학식에서 반응식의 계수의 차이가 단 1,2차이가 나도 실제 반응하는 분자수는 6.02×10^{23}에 이를 정도로 엄청나게 큰 차이가 생긴다.

생물에서는 DNA가 수천만의 염기서열 중 단 한 개의 염기서열이 꼬임으로써 잘못된 유전자를 가지고 있는 생물이 죽게 되거나 기형아가 태어난다. 예를 들어 러시아 왕실에서 모체가 단 하나의 혈우병 유전자를 가지고 있게 됨으로써 러시아 왕실의 후계자가 바뀌게 되었다. 이런 생물에서의 아주 작은 변화가 사회에까지 큰 변화를 주기도 한다.

지구과학에서는 세계의 수온이 단 1도 떨어짐으로써 해양생물의 생태계가 격변하게 되어 수많은 산호초들이 죽어나가게 되었다. 그리고 기상학자들의 예고와는 다르게 바람의 움직임이 약간 틀어짐으로써 일본의 방사선 물질들이 전 세계를 돌아 한국까지 오게 되었다. 또한 전 세계의 판이 일 년에 수 센티미터 움직임으로써 일본열도의 절반을 강타할 정도로 거대한 지진이 일어난다.

나의 일상에서의 초기치의 민감성을 찾자면 벌점을 찾을 수 있다. 내가 받은 작은 벌점이 모여 20점이 되었고, 그 20점으로 인해서 퇴사를 당했으며 그 퇴사로 인해 엄청난 비용이 들게 되었다. 뿐만 아니라 내가 귀찮아서 땅바닥에 뱉어놓은 껌을 친구가 밟고 그 껌이 바지에 옮겨 붙어서 친구가 그 바지를 세탁소에까지 맡기게 된 일도 있었다. 또 카트라이더라는 게임을 할 때 내가 처음에 쓰지 못한 출발부스터로 인해서 1, 2등이 갈리기도 하고 부스터를 할 때 모이지 않은 게이지 단 1mm때문에 1등을 하지 못 한 때도 있다. 그리고 충주 시의원 선거를 할 때 가족이 귀찮다고 뽑지 않은 단 한 표의 차이 때문에 그 사람이 시의원에 당선되지 못한 경우도 있다고 한다. 이런 작은 변화가 큰 변화를 만드는 초기치의 민감성은 볼수록 신기하다.

05

정해져 있는 변할 수 있는 미래 _정택일

브라질에 있는 나비의 날갯짓이 미국 텍사스에 토네이도를 발생시킬 수도 있다는 것이 바로 나비 효과이다. 이 말은 다시 말해서 초기 값의 작은 변화가 전체 값을 바꾸는 무시무시한 결과를 일으킨다는 것이다.

우선 내 전공분야인 물리의 관점에서 바라보면, 우리가 눈싸움을 할 때 상대를 못 맞히는 경우에는 여러 가지 원인들이 있다. 예를 들면 힘을 제대로 조절하지 않았다던가, 각도 조정을 잘 못했다던가 등이다. 하지만 우주선을 달로 보낼 때 실패하는 이유는 힘을 제대로 조절하는 경우와 각도 조정을 잘 못해서 실패하는 경우 보다는 오히려 사소한 실수에 의해서 실패하는 경우들이 많다. 그 대표적인 예가 NARO호를 쏘아 올렸을 때이다. 1차시도 때 페어링만 분리 되었어도 우리나라도 다른 나라의 힘을 빌리지 않고 인공위성을 쏘아 올렸을 것이다. 지금 생각해보면 '그때 페어링 분리가 돼서 NARO호가 성공을 했었더라면….' 우리나라는 그 성공을 계기로 더욱 더 성장을 했을 수도 있지만, 실패했기 때문에 그 문제점을 해결하기 위해서 지금 훨씬 더 성장해 있는 것일 수도 있다.

정보과학 분야에서도 사소한 오차가 전혀 다른 값을 부르기도 한다. 예를 들면 너무나 작은 수이기 때문에 표현만 안하고 사실은 계산하고 있는 경우가 있다. C소스코드를 봤을 때 1000이라는 숫자에 0.001을 10000번 더하면 1001이라는 숫자가 나와야 하지만, 1001.220703의 숫자를 표시한다. 이 값은 더하는 숫자인 0.001의 무려 220배에 해당하는 오차가 된다.

"신은 주사위 놀이를 하지 않는다." 사전 교육 때 선생님께서 강조 하셨던 말씀이다. 이 말을 들었을 때와 지금은 느낌이 너무나도 다르다. 그때는 모든 것의 운명이 정해져 있다는 뜻으로만 알았지만, 나는 지금 나비효과를 염두에 두고 읽었기 때문인지 아무런 이유 없이 일어나는 일들은 없다고 스스로 해석을 하고 있다. 인간이 살아가는데 예상치 못한 일들이 일어나는 것을 우연이라고 볼 수도 있다. 하지만 이전에 한 행동들에 대한 결과라고 할 수 있을 것이다. 만약에 어떤 부자와 거지가 모든 조건이 정확히 똑같고, 같은 시간에 출생되었다면 언제 울음소리를 냈느냐에 따라서 그 사람의 인생이 결정되는 것이다. 이 말은 성공할 사람이 애초부터 정해졌다는 것을 뜻하는 것이 아니다. 우리가 노력하면 분명히 이루고자 하는 것은 이룰 수가 있다. 그러나 우리가 노력하는 것조차도 신이 만들어낸 극본을 우리가 살아가고 있는 것일 뿐이다. 우리의 인생은 결정되어있다, 하지만 우리가 살아가는 모습에 의해서 변한다. 그리고 우리 자신을 변화 시키는 우리의 살아가는 모습 또한 다시 정해져 있는 것이다.

속담이나 사자성어를 보면 이런 말들이 있다. '새 발의 피', '구우일모', 'a drop in the bucket.' 우리에게는 아무런 해를 끼치지 않을 것이라고 믿고 방심하다가 언젠가 태풍이 되어서 도로 자신에게 올수가 있다. 그렇기 때문에 사소한 일도 무심히 지나치지 않고 하나하나 관심을 기울일 필요가 있다. 언젠가는 잘못한 부채질이 우리나라에 태풍이 되어서 다시 돌아올 수 있기 때문이다.

06

결과의 결과, 그 결과의 결과 _김혜기

결과가 엄청나기 위해선 시작도 엄청나야만할까? 아니다. 작은 시작으로도 엄청난 결과를 만들어낼 수 있다. 그것이 '초기치의 민감성'이다.

몇 달 전 아랍에미리트 순방을 위해 출발했던 대통령 전용기가 회항한 일이 있었다. 이륙 30분 만에 전용기 기체 하단부에서 나는 소리와 함께 강한 떨림이 생겨 인천국제공항으로 회항하게 된 것이다. 대통령까지 회항하게 만든 원인은 아주 사소한 곳에 있었다. 전용기를 조립할 때 쓰는 볼트 하나. 그 작은 볼트가 원인이었다. 처음 전용기를 조립할 때 기체의 공기 개폐기 작동 축 연결 볼트의 장착 방향이 잘못돼 하단의 돌출된 부분이 공기 개폐기 도어와 지속적으로 접촉하여 문제가 되었다. 조립을 한 사람은 자신의 실수가 이런 결과를 가져오리라고는 예상도 하지 못했을 것이다.

우리라면 달랐을까? 그 사람이 우리보다 멍청했기 때문에 누구나 예상할 수 있는 걸 혼자만 예상하지 못했던 것일까? 그렇지 않다. 우리가 저지른 실수도 눈앞에 보이지 않을 뿐이지 예상보다 엄청난 결과를 만들었을 수도 있다. 위의 경우처럼 그 원인이 밝혀지는 경우가 오히려 더 드물다. 내가 하는 선택의 하나하나에 따른 결과는 지금 당장 나타난 결과 말고도 그 결과의 결과, 또 그 결과의 결과, 그 결과의 결과의 결과… 하는 식으로 없어지지 않고 계속 이어지고 있다. 그렇기 때문에 결과를 예상하는 데는 한계가 생긴다. 나와는 전혀 무관해 보이는 저 일이 사실 나로 인해 생긴 일일지도 모른다. 내가 오늘 신은 신발을 예로 들어 보자면, 오늘 메이커 신발을 신었다. 신발을 신고 식당에 갔다. 좌식 테이블이 있는 식당이라 신발을 벗는다. 같은 식당에 온 어떤 아이가 내 신발을 본다. 그 아이가 엄마에게 메이커 신발을 사달라고 조른다.

엄마는 결국 아이를 데리고 매장에 간다. 그런데 마침 매장에 왔던 기획사 사장이 아이를 보게 된다. 명함을 받은 아이는 기획사에 들어가게 되고 세계적인 가수가 된다. 터무니없고 어이없는 얘기지만 정말 아무도 모를 일이다. 지금 뉴스에 나오는 저 얘기가 과연 나와 전혀 관계가 없을까?

수학의 수열에도 이런 초기치의 민감성이 있다. 아주 단순한 수열에서조차도 몇 번의 반복으로 그 값이 처음 값과 엄청난 차이를 보이는 수열이 있다. 마치 산꼭대기에서 시작한 작은 눈덩이가 점점 커지며 눈사태를 일으키게 되는 것처럼 말이다.

걷잡을 수 없이 큰일도, 일상처럼 지나가는 평범한 일도 그 시작은 별반 다를 게 없다. 다만, 그 상황에 따라, 때로는 행운이 되기도 하고 때로는 불행이 되기도 한다. 그리고 그 우연에 따라 바뀔 수 있는 것이 어쩔 수 없는 우리가 사는 세상이다.

07

스승의 날 선생님께 전화를 드린다는 사소함이 일으키는 감동 _이창석

드와이트 아이젠하워 대통령은 말끔한 책상 정리로 유명했다. 그는 책상 위를 '지금 당장 실행할 것' '지시할 것' '도움 받을 것' '버려야 할 것' 등 4개 영역으로 나눠 정리했다. 일이 끝나면 그의 책상 위에는 아무것도 남아있지 않았다. 아이젠하워 대통령은 이렇게 간단한 방법을 통해 업무 효율을 극대화시켰다.

나비의 날갯짓처럼 작은 변화가 폭풍우와 같은 커다란 변화를 유발시키는 현상을 초기치의 민감성 또는 나비효과라고 말한다. 앞의 글은 5월 14일 동아일보의 기사 내용이다. 책상정리라는 사소한 일이 업무 효율의 극대화를 야기했다는 것도 나비효과의 한 예가 될 수 있다.

또 다른 예로 단위 환산 실수를 들 수 있다. 얼마 전 봤던 중간고사 지구과학 문제 중 '1pc이 32.6광년이다.'라는 말에 낚여 문제를 틀린 사람이 몇몇 있다. 그 친구들은 '아 소수점 위치만 바꾸면 되는데…' '1/10배만 하면 되는데…'라고 불평했다. 하지만 생각해보자. 32.6광년과 3.26광년의 차이는 우리가 상상할 수 없을 정도로 엄청난 차이이다. 그 정확한 차이를 알아보자. 광속은 3×10^5km/s이다. 하루는 $60\times60\times24$초, 즉 86400초이다. 계산해보면 32.6광년은 844992000000km이고 3.26광년은 84499200000이다. 그 차이는 무려 760492800000km이다. 소수점의 위치 하나가 7천억이라는 엄청난 차이를 불러일으킨 것이다.

이번엔 우리 삶에서 초기치의 민감성의 예를 들어보자. '시작이 반이다.'라는 말이 있다. 초기치의 민감성은 이 말을 잘 뒷받침 해 줄 수 있다고 생각한다. 많은 고등학생들은 시작이 반이라는 생각을 하지 않고 1학년을 탱자탱자 놀면서 헛되이 보내는 경향이 있다. 그러나 다른 어떤 고등학생들보다도 2학년 때 조기 졸업을 하는 우리 충북 과학고등학교 학생들은 초기 값 즉 1학년 성적을 잘 받아야 한다고 생각한다. '1학년 성적은 조금 밖에 안 들어간다.' 라는 생각은 얼른 버리고 열심히 엉덩이를 의자에 붙이고 연필을 손에 쥐고 책을 보자. 현재는 와 닿지 않지만 지금 이 시기가 얼마나 중요한 지는 나중에 뼈저리게 느끼게 될 것이다.

08
우리가 사는 세상은? _김원회

나비효과란 무엇인가? 이 표현은 미국의 기상학자 에드워드 로렌츠가 1972년에 미국 과학부흥협회에서 실시한 강연의 제목인 〈예측가능성－브라질에서의 한 나비의 날갯짓이 텍사스에 돌풍을 일으킬 수도 있는가?〉에서 유래했다. 일반적으로는 사소한 사건 하나가 나중에 커다란 효과를 가져 올 수 있다는 의미로 쓰이지만, 카오스 이론에서는 초기 조건의 민감한 의존성에 따른 미래결과의 예측불가능성을 의미한다. 때문에 이는 시공간을 가로질러 어떤 하나의 원인이 다른 결과를 초래하는 과정을 과학적으로 예측할 수 없다는 말이기도 하다.

우리가 사는 세상은 눈으로 볼 수도 없을 만큼 작은 점에서 시작됐다고 한다. 빅뱅 이론에 따르면, 그 작은 점이 폭발하여 우리가 상상하기엔 너무나도 거대한 우주가 생성 되었고, 우리가 살고 있는 지구도 그 우주 안에 있다. 무시해 버릴 수 있을 만큼 작은 그 점이 만일 존재하지 않았다면 그 아주 미세한 차이에 의해서 우주는 물론이고 우리가 사는 세상과 우리도 존재하지 않았을 것이다.

생명의 탄생도 마찬가지로 초기치의 민감성이 크게 작용한다. 우리가 생존하기 위해 필요한 것들에는 무엇이 있는가? 많은 사람들이 의식주라고 하겠지만, 그 보다 더 근본적으로 들어가서 가장 중요한 것을 따지자면 그것은 바로 물이다. 우리 신체의 70% 가량을 차지하고 있기도 한 물은 산소원자에 결합된 수소 원자들 간의 각이 108도를 이뤄 여느 물질에서 볼 수 없는 특이한 특성들을 가진다. 만약 물 분자의 모양이 조금만 이라도 달랐다면 우리를 비롯한 지구상의 모든 생물체들은 존재하지도 못했을 것이다.

생물학적으로 보면 세균 배지에 바이러스 한 마리가 들어오면 경우에 따라서 다르겠지만 몇 시간 후에서 며칠 후에는 바이러스의 수가 세기에 곤란할 정도로 불어나 있을 것이다. 단 한 마리의 바이러스가 엄청난 결과를 초래할 수도 있는 것이다.

자, 이제 우리의 일상으로 돌아와서 생각해보자. 만약 우리가 눈덩이를 주먹만 하게 만들어 굴렸다고 하자. 그러면 그 눈덩이는 비탈을 굴러 내려가면서 새로운 눈들을 붙여가며 점점 커지게 된다. 그리고 비탈의 끝에 도달할 때 즈음이면 3cm가량이었던 자그마한 눈덩이가 1m도 넘게 커질 수도 있다. 또, 이런 상황을 당하는 사람에게는 참으로 끔찍한 일이겠지만 여기에 막 새로 산 새 아이폰이 있다. 그런데 그 주인이 포장을 뜯다가 아이폰을 책상 모서리에 올려놨고, 실수로 책상 모서리에 걸려있던 아이폰을 아주 약한 힘으로 밀었다. 그 때문에 균형이 흐트러진 아이폰은 바닥으로 추락하기 시작했고, 바닥과 충돌을 하였다. 그 결과로 아이폰의 액정이 깨져 버렸다. 이처럼 초기에는 아주 미세한 힘이었지만 그 힘 때문에 엄청난 결과가 일어날 수도 있는 것이다.

지금 우리가 보내고 있는 아주 짧은 시간인 1초도 다른 것을 한다면 앞으로의 미래는 완전히 달라질 수도 있다. 지금 내가 하고 있는 것이 옳은지 또 좋은 것인지는 알 수 없겠지만 난 지금 이 순간에 최선을 다하고 또 그에 책임을 질 수 있게 살아갈 것이다.

09
사소한 일이 불씨가 되어 _이현주

'초기치의 민감성'이라는 말이 있다. 마치 브라질에서의 나비의 한 번의 날갯짓이 미국의 텍사스에는 토네이도를 일으킬 수 있는 것처럼, 사소한 일 하나가 나중에는 큰 일로 번져갈 수 있다는 뜻이다.

혼자서 가만 생각해 보니 이 말이 맞는 듯도 하다. 어렸을 때부터, 친구와 싸울 때나, 동생과 싸울 때나, 부모님께 또는 선생님께 꾸지람을 들을 때에는 모두 사소한 일 하나에서 비롯되었다. 큰일을 가지고 싸우거나 혼난 일은 오히려 손가락에 꼽을 정도이다. 이러한 초기치의 민감성에 관련된 예를 또 어디에서 찾아볼 수 있을까?

스포츠에서도 초기치의 민감성에 관련된 예를 찾을 수 있다. 단거리 달리기, 스피드 스케이팅, 수영 등 시간을 겨루는 종목에서는 출발 시간에 결과가 큰 영향을 받는다. 전체 시간에 비해 출발 시간의 비중은 거의 미미함에도 불구하고, 반응 속도가 얼마나 빠르냐에 따라서 전체적인 경기의 흐름이 결정된다. 반응 속도가 빠른 선수는 전체적으로 경기에서 선두를 차지하고, 반응 속도가 느린 선수는 경기의 전반적인 면에서 불리하게 진행 된다.

또한 음악, 내가 치는 피아노에서도 역시 관련된 예를 찾아 볼 수 있다. 어렸을 적 나는 피아노 학원 선생님께 손에 힘을 풀고 피아노를 치고, 손가락 모양을 잘 가지런히 맞춰서 치라는 꾸중을 많이 듣곤 했다. 그 당시에는 어차피 손에 힘을 풀고 치나 힘을 주고 치나, 손가락 모양을 꼭 달걀 쥐는 모양으로 하나 하지 않으나 별 차이가 없고 사소한 것처럼 여겨졌다. 하지만 시간이 지나고 생각해 보니 그 때 내가 그런 습관들을 고치지 않았더라면 지금 내가 치는 곡들을 칠 수 없을 것이라는 생각이 들었다. 피아노에서 손가락 모양은 사소해 보이는 것이지만, 그것이 갖춰지지 않았더라면—비록 내가 피아노를 아주 잘 치는 것은 아니지만—아마 나는 지금처럼 피아노를 칠 수 없었을 것이다.

일상생활, 스포츠, 음악 등 여러 분야, 여러 상황에서도 초기치의 민감성을 찾아 볼 수 있었다. 어떤 일이든 사소한 일이 커져서 큰 일이 되고, 작은 습관이 모여서 중요한 일을 이루는 것 같다. 따라서 지금은 비록 사소하게 보이는 일일지라도, 모든 일에 최선을 다해서 나중에 큰일을 하는데 지장이 없도록, 후회하지 않도록 살아야겠다는 생각이 든다.

10
지금 당신은? _박상준

2011년 5월, 대한민국의 가장 큰 자동차 회사인 (주) 'cha sa ga' 사의 따끈따끈한 고급 신차를 타던 A모씨는 작지만 운전자의 생명을 위협할 수도 있는 결함을 발견했다. A씨는 그것을 알려주기 위해 'cha sa ga' 사의 고객센터로 전화를 해주었다. 한 번도 문의를 받아본 적 없던 문제를 들은 상담원은 즉시 회장에게 그것을 보고했다. 허나 회장은 한 건뿐이니 그것은 그냥 시정하겠다 말하고 무시하라면서 으레 대기업의 직원이면서 그렇게 간이 작아서야 되겠냐고 상담원을 혼내기에 이른다.

그렇게 'cha sa ga' 사는 그 차를 더욱 많이 생산했고, 대한민국 최고의 Top 스타이자 청소년들의 우상인 아이돌 스타 K씨가 그 차를 타자 많은 사람들도 따라서 차를 구입했다. 그런데 어느 날, 'cha sa ga' 사에서 무시했던 그 결함으로 인해 K씨는 대낮에 사람들이 많은 곳에서 운전을 하다 목숨을 잃게 되었다. 그것을 지켜보던 사람들과 K씨를 응원하던 모든 이들은 슬픔에 빠졌고, 또한 그 차를 운전하고 있던 운전자들도 크나 큰 충격을 받았다. 그들 모두는 'cha sa ga' 사에 비난을 퍼부었고, 문의를 무시했었다는 소식이 들려오자 'cha sa ga' 사를 자동차 시장에서 몰아내기 위해 시위를 벌이기에 이르렀다. 그 결과로 'cha sa ga'

사는 자동차 사업에서 손을 떼게 되었고, 다시 회사를 일으키기 위해 시도한 반도체 사업, 컴퓨터 사업, 휴대폰 사업 등등도 자동차 사업 때의 과거로 인해 소비자의 외면을 받게 되었다. 결국, 대한민국 최고의 부자였던 'cha sa ga' 사의 회장은 며칠 사이에 쫄딱 망한 회사로 인해 엄청난 빚더미에 앉게 되었다. 작은 결함을 알려준 A씨의 문의를 깊이 받아들여 차를 더욱 많이 생산하기 전에 그 결함을 시정했다면, 회장은 위와 같은 일을 겪지 않아도 됐을 것이다. 다시 말해, 한 건의 문의를 무시한 것이 대한민국 최고의 부자를 엄청난 빚더미에 앉게 한 것이다. 이것이 바로 수학에서 말하는 '초기치의 민감성'이다.

초기치의 민감성이란, 위의 예에서도 알 수 있듯이 초기의 작은 차이가 결과에서는 매우 큰 차이를 불러오는 것을 말한다. 흔히 들어 볼 수 있는 초기치의 민감성의 예로는 나비효과(butterfly effect)가 있다. 중국 나비의 사소한 날갯짓이 미국 영토에 엄청난 토네이도를 불러오는 것을 말하는데, 이것 말고도 지구과학 분야에 관련한 예가 하나 있다. 그것은 바로 '나로호 발사'에 관한 것인데, 2010년 6월 10일 5시 1분에 2차 나로호 발사가 이루어졌다. 힘찬 도약을 하였지만 비행 중 폭발로 발사가 실패되고 말았다. 사실은 6월 9일에 발사하기로 하였으나, 갑자기 발생한 문제로 인해 연기하였고 바로 다음 날인 6월 10일, 발사를 강행하였다. 발사를 강행한 것에는 chief의 결정이 한몫을 하였다. chief란, 나로호 발사의 모든 부분을 총괄하는 책임자를 말하는데 그 사람의 발사 허가가 없으면 나로호는 절대 우주로 도약을 하지 못한다. chief는 일부 과학자들의 만류에도 불구하고 러시아와의 계약, 국민들의 눈, 지위 상의 책임, 한정적인 정부의 예산 등의 요소로 인해 유력한 문제 후보였던 소방 시설 문제가 해결된 다음날 바로 발사를 강행한 것이다. 만약, chief가 소방 시설의 문제만을 살펴보는 것이 아니라 로켓을 전체적으로 다시 한 번 점검해 보았다면 국민의 피땀이 서려있는 나로호의 2차 발사를 성공시키고 대한민국을 우주 강국의 반열에 올려놨을지도 모른다. 그렇게 하지 않은 지금은 정반대의 결과를 초래했지만 말이다.

초기치의 민감성을 낳은 수학에서도 예를 찾아 볼 수 있다. 만약, 대한민국에 천재적인 수학적 사고를 하는 'T' 학생이 있다. T학생은 천재라고 단계를 뛰어넘지 않고 남들과 같이 차근차근 배워왔다. 허나, 대학생이 된 T학생이 배워온 것이라고는 수학에서의 정석이라고 할 수 있는 수1, 수2, 기하와 벡터 등등 고전적인 것들 밖에는 없었다. 카오스 이론, fractal, 초기치의 민감성, 멩거 스펀지, 시어핀스키 삼각형 등 현대적 수학의 새로운 모습은 본 적도, 들어본 적도 없었다. 결국에는 T학생의 천재적인 머리는 시대에 뒤떨어진 수학자의 길에서 멈추고 말았다. 만약, T학생이 현대적 수학의 일부분이라도 미리 접하여 천재적인 머리로 카오스 이론 등을 명확하게 입증하고 검증하여 성립하였다면, 지금쯤 수학이라는 학문은 얼마나 발전이 되었을 것이며, 대한민국의 국가적 지위는 얼마나 상승되었을까? 초기에 대한민국의 수학 교육 과정에 몇 십 년째 이어져오고 있는 그대로가 아니라 현대적 발전에 발맞추어 카오스 이론 등을 포함시켜 두었다면, 대한민국은 T학생과 같은 인재를 잃지 않아도 됐을 것이다.

'초기치의 민감성'은 우리 생활에 있어서 동떨어진 개념이 아니다. 수학과 인간의 생활을 접목시킴으로써 탄생한 것이기 때문에 현재 우리 생활에 깊숙이 들어와 있으며, 과거에도 우리 곁에서 존재했고, 미래에도 존재할 것임에 틀림없는 것이 바로 초기치의 민감성이다. 다시 말하면, 지금 당신이 무심결에 하고 있는 행동, 말까지도 어떤 일의 '초기치'가 될 수 있다는 말이다.

11
노력 _김건우

집 앞에 날아다니는 나비 한 마리가 날갯짓을 한다. 며칠 후, 뉴스에 미국에서 토네이도가 발생했다는 보도가 들려온다…. 나비의 날갯짓으로 인한 바람이 점점 커져, 토네이도가 된 것이다.

그렇다. 처음의 작은 조건이 민감하게 작용하여 엄청난 효과를 불러일으키는 '초기조건의 민감성', 우리는 이런 것을 보고 '나비효과(Butterfly Effect)'라고 한다.

그렇다면 이런 초기치의 민감성을 우리 생활에서 찾아보고 거기에서 얻을 수 있는 점들을 생각해 보자. 나의 전공인 생물에서도 그 일례를 들을 수 있다.

어느 날, 다윈(Charles Robert Dawin)은 해군측량선 비글호에 우연히 박물학자로 승선하게 된다. 비글호는 남태평양의 여러 섬을 돌아다니는데, 다윈은 갈라파고스 군도에서 핀치새의 생김새를 보고, 훗날 진화론의 아버지가 된다. 그리고 창조론과 대립하게 된다. 지금도 진화론과 창조론은 꺼지지 않는 불씨이다. 자, 여기서 '진화론과 창조론의 대립'의 초기조건을 알아보자. 다윈이 비글호에 우연히 승선하게 된 것이 그것인가? 아니다. 더 생각해보면 그것은 다윈이 생물에 관심을 가지게 된 것이라고 할 수 있다. 하지만 이것도 아니다. 엄밀히 말하면 다윈의 탄생 자체가 초기조건이 될 수 있다. 아니다. 그렇게 계속 거슬러 올라가다보면 다윈의 부모님의 탄생, 그 부모님의 부모님의 탄생…. 아담과 이브가 인간을 만들어 냈다는 사실까지 올라가게 된다. 그렇다. 지금 일어나는 모든 일들은 다 태초부터 일어난 것이다. 만약 태초에 인간을 조금 다르게 만들었다면 지금 우리가 사는 세상과는 또 다른 세상이 되어 있을지도 모르는 것이다.(이렇게 따지다 보면 모든 것은 태초로 돌아오게 된다.)

경제학에서도 나비효과와 같은 법칙이 존재한다. '깨진 유리창의 법칙'이다. 이 법칙은 깨진 유리창을 그대로 방치해 놓고 있으면 종국에는 칼이 되어 되돌아 올수도 있다는 것이다. 이 법칙은 주로 주식에서 많이 쓰이는 용어로 알고 있다.

이렇게 우리 생활에서는 초기조건의 민감성이 엄청난 영향을 끼치고 있다. 지금 내가 이 글을 쓰는 것도 내 미래에 어떻게 작용할지 모르는 일이다. 항상 미래에 대한 생각을 하며 하루하루 일분일초를 열심히 살아야 하는 것도 바로 이 때문인 것이다. 만약 할 일을 미루고 미루다 보면, 방치된 깨진 유리창이 되어 나중에는 차갑게 날이 선 칼날이 되어 나를 위협할 것이다. 나는 초기치의 민감성을 알기 때문에 열심히 노력할 것이다. 노력은 배신하지 않는다. 그래서 노력할 것이다.

'노력'이라는 작은 초기조건이 30년 후 '나'의 모습을 바꿔줄 민감성으로 작용할 테니까.

12

시작이 반이다 _백승주

'시작이 반이다'라는 옛 말이 있다. 옛날 사람들의 말 중에 틀린 말 하나도 없다지만 어쩌면 앞의 저 말은 틀린 말일지도 모른다. 물론 시작이 아주 중요하다는 말이겠지만 반이라고 비유할 정도로 중요한 것일까?

'나비 효과'라는 말이 있다. 브라질에서 날던 나비가 일으킨 바람이 텍사스에서 토네이도를 일으킬 수 있다는 이론이다. 의아하다. 아무리 나비가 날갯짓을 한다고 해도 풍속 200m/s나 되는 토네이도의 바람의 절반이 나비가 일으킨 바람이라고 보기는 힘들지 않은가. 사실 나비의 날갯짓 따위는 별로 중요하지 않은 것처럼 보인다. 그렇다면 시작이 반이라는 말은 틀리다는 결론이 나온다.

하지만 사실 생각의 방향이 틀렸다. 나비의 날개에서 나온 바람이 그대로 토네이도가 되는 것이 아니다. 세상은 나비 하나가 움직인다고 돌풍이 불 정도로 좁지 않지만 아주 많은 요인들이 복잡하게 상호 작용하고 있기 때문에 날갯짓이 하나의 작용으로 토네이도의 '처음'이 된다는 말이다. 이렇게 보면 나비가 일으킨 작은 바람은 토네이도가 될 정도로 나비는 큰 영향을 미쳤다. 이것은 시작이 중요하다는 의미로 '시작이 반이다'라는 말을 입증해주고 있는 것 같다. 생각의 방향이 바뀌어서 결과가 상반되게 나온 것이다.

나비의 바람이 토네이도가 되어 엄청난 영향을 끼치듯 당연히 나비의 날갯짓 말고도 많은 것들이 '나비효과'의 영향을 받을 것이다. 생각해보

자. 현대는 눈부신 화학공학의 시대다. 지금은 수많은 화학물질을 다루고 있지만 화학에 많은 발전을 가져다 준 연금술이 없었다면 지금의 시대는 없었을 것이다. 그리고 그보다 먼저 금이 발견되지 않았더라면, 또는 금이 아예 만들어지지 않았더라면 어땠을까? 사실 원자를 구성한 구성비가 조금만 달라졌더라도, 또는 원자들의 배열이 조금만 달라졌더라도 금은 없었을 것이다. 이 조그마한 원자들이 움직임으로써 내가 화학을 배우고 있는 거고 현대사회를 살고 있는 것일지도 모른다.

나비효과에 대한 잘못된 이해를 하게 된 이유는 시작의 차이였다. 시작 방향이 다르면 결과가 정반대가 될 정도로 시작이 중요하다는 것을 알 수 있다. 사실은 당연한 일일지도 모른다. 시작했기 때문에 결과가 있는 것이고 시작이 없으면 끝도 없는 법이다. 토네이도도, 현대 사회도, 시작이 중요하다고 말하는 사람들도 모든 것은 시작이 있었기 때문에 존재할 것이다. 한번쯤 다시 생각해보자. 시작은 반이 아닐지도 모른다.

13
미세한 선택, 차이가 불러일으키는 것 _이정호

'초기조건의 아주 작은 차이가 최종현상에서는 아주 커다란 차이를 낳는다. 초기 상태의 작은 오류는 최종상태에서 어마어마한 오류를 낳는다. 예측은 불가능해지고, 우리는 뜻밖의 결과를 얻게 된다.'라고 푸앙카레가 말했었다. 이것은 초기조건의 민감성을 가장 잘 나타내주는 말이다. 초기 조건의 민감성에 해당하는 예를 내 전공 분야에서 찾아보았다.

내 전공은 화학이다. 화학에서는 온도가 초기조건의 민감성을 보여줄 수 있다고 생각한다. 화학 실험을 할 때 온도는 중요한 요소가 된다. 온도가 달라지면 분자 등의 입자 속도가 달라진다. 분자 등의 입자 속도가 달라진다면 반응에서의 반응 속도도 달라질 것이다. 그렇게 된다면 반응 전체에 걸리는 시간이 달라지고 반응 자체에서도 변화가 생길 수 있다. 그러므로 초기 조건 중에 겨우 온도 하나가 달라짐으로 반응 시간이 달라지고, 어떤 반응에 따라서는 적정 온도가 되지 않으면 반응을 하지 않을 수도 있다. 그렇게 된다면 생성물이 생기지 않으므로 결국 큰 차이가 생기는 것이다.

다른 곳에서 생각해보면, 지구의 자전축이 기울어져있는 것을 예로 들 수 있다. 지구의 자전축이 조금만 더 기울어지면 지구 자체가 엄청나게 변화한다. 예를 들어 우리나라가 변화하려면 40도 이상으로 기울어져야하는데 그렇게 되면 겨울이 엄청나게 추워지며 여름은 엄청나게 더워진다. 또한 겨울이 매우 길어지고, 낮 길이도 아주 짧아지게 된다. 즉, 세상이 엄청나게 뒤바뀌는 현상이 발생하게 되는 것이다. 그렇게 되면 인간이 이 지구 자체에 살 수 없다고 한다.

내 삶 속에서도 이와 같은 것을 많이 살펴볼 수 있다. 중학교는 지망을 정하여 추첨을 통해 학교를 배정받는다. 나는 1지망에 쓴 청주남중을 갈 수 있었다. 그러나 1지망에 걸리지 않고 다른 학교를 가게 되었다면 현재의 친구들도 만나지 못했을 것이고 내가 가르침을 받은 많은 좋은 선생님들도 못 만났을 것이다. 그렇게 된다면 내가 수학, 과학에 흥미를 못 가졌을 수도 있을 것이고, 결국 과학고에 들어오지 못했을 수 있는 것이다. 과학고에 들어오지 못했다면 미래가 어떻게 변화할지는 예상하지 못하겠지만 아마 크게 변화할 것이다. 따라서 이러한 사소한 선택이 나의 인생을 좌우하는 큰 선택이 될 가능성이 있다. 지금까지의 나의 선택은 후회하지 않는다. 그리고 이제부터의 선택은 더욱더 나에게 중요할 것이다. 그러므로 무엇이든 선택할 기회가 온다면 신중하게 생각하여 선택하는 자세를 가져야겠다.

14
나비 한 마리의 날갯짓 _박기현

다들 나비효과라는 말을 잘 알고 있을 것이다. 나비효과란 나비 한 마리의 날갯짓이 지구 반대편에서는 태풍을 일으키는 효과로 초기치의 민감성을 함축적이고 간결하게 표현하고 있다. 이렇듯 세상의 모든 일은 처음 조건의 아주 작은 변화로부터 비롯될 수 있으며, 그 작은 변화들이 오묘하게 맞아나가면서 현재 우리가 살고 있는 세상이 이루어지고 있다.

지금 내가 이렇게 존재하고 있는 것도 정말 작은 조건의 차이 덕분에 가능한 일이다. 맨 처음 정자와 난자의 수정이 일어날 때 그 몇 억 개의 정자들 중 운이 좋은 정자 하나가 수정을 이룰 수 있었다. 하지만 그 운 좋은 정자가 조금이라도 늦었다면 박기현이라는 사람은 아예 다른 사람이 되었을 것이고 현재의 나와는 아주 다른 삶을 살고 있을 것이다. 또한 그렇게 따지면 나의 엄마, 아빠나 할아버지, 할머니, 더 나아가서는 저 위의 먼 조상의 수정된 정자가 조금이라도 늦었다면 이 세상은 현재와는 판이한 세상이 되었을 것이다.

가장 드라마틱한 나비효과는 우주 탄생 시 그 수많은 조건들의 조화이다. 우리의 우주는 탄생 후 1초 안에 거의 틀이 잡혔다고 보면 되는데, 만약 그 짧은 시간 동안 태초의 에너지양이 조금이라도 달랐다면, 또 소립자들의 양이나 반응하는 시간들이 조금이라도 달라졌다면 우리의 우주는 차갑게 식어 빛도 없고 아무런 물질도 존재하지 않는 황량한 곳이 되었을 수도 있으며, 지금 우리가 살고 있는 지구는 기대할 수조차 없을 것이다.

물론 나비효과는 이렇게 큰 스케일에서만 작용하는 것이 아니다. 한 사람의 작은 변화도 지금과 다른 결과를 초래할 수 있다. 만약 지난 월드컵 아르헨티나 전에서 염기훈이 골을 성공시켰다면 월드컵의 결과가 지금과는 사뭇 다를 것이고, 만약 김구가 이승만과 좀 더 친했다면 아마 우리나라는 통일이 되어 있을 것이다. 그리고 나도 '아 그때 거기서는 다른 말을 할 걸.', '내가 그때 대체 왜 그랬지?' 하고 후회를 하곤 한다. 만약 내가 여러 선택의 순간에 '예' 와 '아니요', 이 둘만 바꿔서 말했더라면 좋을지 나쁠지는 모르지만 어쨌든 지금의 나와는 훨씬 다른 삶을 살고 있을 것이다.

내가 여기 앉아서 초기치의 민감성에 대해 글을 쓸 수 있는 것도 엄청나게 작은 확률을 뚫은 대단한 운 덕분에 가능한 듯싶다. 앞으로 내가 어떤 혼란스러운 상황에서 무슨 결정을 할지 알 수 없지만 신중하게 선택하여 그 선택을 믿고 더 좋은 삶을 살아가기 위해 노력해야겠다. 어차피 다른 선택의 결과는 알 수도 없을 테니….

15
최선을 다해야만 하는 이유 _박상원

어떠한 현상의 인과적 변화추이를 설명하는 말로 '초기치의 민감성'이라는 것이 있다. 이는 다른 말로 '나비 효과(butterfly effect)'라고도 한다. 나비의 날갯짓이 커다란 태풍을 불러일으킨다는 뜻으로 처음의 아주 자그마한 것이 종국에는 커다란 결과를 낳는 것을 일컫는다.

물리에서도 어렵지 않게 이와 비슷한 현상들을 찾아볼 수가 있다. 일례로 원자를 들어보자. 원자에는 원자핵을 구성하는 양성자, 중성자 그리고 주변의 전자가 있다. 이들은 눈에 보이지 않을 정도로 아주 작고 사소한 것들에 지나지 않는다. 그러나 수소(H)에서 양성자 수가 1개만 더 많아져도 헬륨(He)이라는 완전히 다른 원소가 되어버린다. 또 다른 예로 지금과 같이 거대한 우리의 태양계가 사실 처음에는 아주 작은 먼지와 티끌로부터 태어났다는 것을 들 수가 있다. 최근 사회문제에서 찾자면 일본의 원전문제 또한 마찬가지이다.

만일 아인슈타인이 질량과 에너지를 연구하는 물리학자가 아니라 영어와 히브리어의 연관성을 연구하는 언어학자였다면, 혹은 그가 질량과

에너지를 서로 독립적인 존재로 인식하는 고전적 사고에 얽매여 대항하지 않았다면, 지금의 일본은 커다란 문제없이 복구할 수 있었을 것이다.

경제학에서도 이러한 원리가 적용된다. 이번 지진 및 원전사고로 일본이라는 나라가 아주 큰 피해를 입었다. 따지고 보면 지구상의 237개의 국가 중에서 단지 1개국이 피해를 본 것에 지나지 않는다. 그러나 일본의 경제 악화는 세계 경제에 적지 않은 영향을 미쳤고, 수많은 결과들을 초래하게 되었다.

인생은 선택의 연속이라고 한다. 작게는 오늘 저녁 메뉴를 고르는 일부터 시작해서 크게는 미래의 직업이나 배우자를 고르는 일까지. 그렇다면 과연 우리의 인생도 앞서 설명한 것들과 비슷하게 초기치의 민감성의 영향을 받을까? 엄밀히 말하면 조금 다르다고 할 수 있다. 원자나 자연재해는 임의적으로 발생한다는 특징이 있다. 그러나 우리 인간은 적어도 어떠한 상황에 직면하였을 때 '선택할 수 있는 권리'가 있다. '권리'와 동시에 선택에 대해서 '책임을 질 의무'도 가지고 있다. 즉 원자나 자연재해와 같이 한 번 발생하고 끝나는 것이 아니라 그 마지막 결과까지도 우리의 행동이 영향을 미친다는 것이다. 다시 말해 우리는 어떠한 선택을 하더라도 자신의 행동에 따라 다른 결과를 만들어 갈 수가 있다. 중요한 것은 '어떠한 선택을 했는가.'가 아니라 '어떠한 선택을 하더라도 어떠한 마음가짐으로 나아가는가.'이다. 주어진 환경이 중요하지 않은 것은 아니지만 환경이 가장 중요한 것은 결코 아니다. 어떠한 상황이더라도 자신을 잃지 않고 최선을 다한다면 반드시 좋은 결과가 있으리라 굳게 믿는다.

16
사소한 차이가 인생을 만든다 _도하림

초기치의 민감성, 다른 말로 나비효과라 한다. 이 말은 나비 날갯짓이 태풍으로 변한다는 뜻으로, 사소한 일이 큰 파장을 불러일으키는 현상을 말한다. 나비효과는 일상생활에서도 많이 찾아 볼 수 있다.

나의 전공인 물리에서는 포물선 운동을 예로 들 수 있다. 던지는 각도가 조금만 달라도 결과가 전혀 다르게 나온다. 물리는 특히 스포츠와 많이 연관되어 있는데 스포츠에서 아주 작은 각의 차이, 길이의 차이, 마찰력의 차이는 메달의 색깔을 결정하기도 한다. 우리의 물리 전람회 주제인 Rattleback도 나비효과의 영향을 무척 많이 받는다. 가하는 변이 추, 마찰력, Rattleback 자체의 질량, 바닥에 닿는 점과 변이 추와의 각도, 돌리는 방향에 따라 결과가 큰 폭으로 달라진다.

그 뿐만 아니라 나비효과는 널리 영향을 미치고 있는데, 나비효과가 생물의 존재를 가능하게 하는 요소이기도 하다. 물의 구조는 일자형구조가 아니라 굽은 형 구조로 되어 있다. 그렇기 때문에 보통의 물질과는 다른 특이한 특징을 많이 가지고 있다. 수소결합과 비열이 높은 것, 고체의 밀도가 액체의 밀도보다 작은 것, 용해성이 높은 것 등의 특징들이 생물이 살아있을 수 있도록 만들어 주었다.

생물이 존재하는 것 중 다른 요소에는 지구의 조건이 있다. '거의 모든 것의 역사'에 따르면 지구가 지금의 상태와 조금만 달라졌어도 생물이 존재할 수 없었다고 한다. 또 우리가 존재하는 것도 엄청난 초기조건의 민감성에 따른 것이다. 만약 우리의 조상들이 적당한 시간에 만나지 못했고, 조금이라도 미세한 차이가 생겼다면 지금 우리는 존재하지 않았을 수도 있다.

다른 예를 멀리 가서 찾을 필요도 없다. 많은 학생들은 시험문제에서 미묘한 차이, 겨우 글자 하나 차이로 인해 답이 달라지는 경험을 한 적이 있을 것이다. 필자의 경우 OMR카드에 컴퓨터 사인펜으로 마킹을 할 때 잉크가 옆 칸에 미세하게 튀어서 오답처리 된 경험이 한두 번이 아니다. 또는 친구 간에 작은 오해 하나로 엄청난 결과가 초래되기도 한다.

초기치의 민감성 또는 나비효과는 지금도 우리의 생활에 영향을 미치고 있을 수 있다. 지금 하는 행동 하나하나가 나의 습관을 만들고 성격을 만들고 인생을 만든다. 물론 과거에 했던 행동들도 지금 나에게 지대한 영향을 미치고 있을 것이다. 이미 지나간 과거기에 더 이상 후회하지 말아야한다. 다만 지금 하고 있는 행동이 나에게 어떤 인생을 만들어 줄지 알 수 없기에 언제나 최선을 다하는 삶을 살고 싶다.

17
인생과 선택 _정지현

초기 조건의 민감성은 초기조건의 아주 작은 차이가 최종적으로는 아주 커다란 차이를 낳는다는 뜻으로, 초기상태의 작은 오류가 최종상태에서 어마어마한 오류를 낳는다. '나비효과'는 브라질에 있는 나비한 마리의 날갯짓이 미국 텍사스에 토네이도를 일으킬 수도 있다는 이론이다.

어느 분야에서나 마찬가지겠지만, 연구에서 초기 값은 매우 중요한 요소이다. 잘못된 초기 값을 설정하고 연구를 상당부분 진행했다고 생각해보자. 그것이 마지막이 얼마 남지 않은 시점에 치명적인 오류로 작용한다면, 또 마감 기한이 얼마 남지 않았다면 연구를 처음부터 다시 시작할 수도 없고 그냥 진행할 수도 없을 것이다.

초기조건의 민감성은 실생활에서도 찾아볼 수 있다. 지금 과학고에 입학한 학생들을 생각해보자. 물론 과학고에 합격하지 못해 상심했던 사람도 있지만, 분명 과학고에 입학한 후 후회한 사람도 있다. 늘어난 학습량에 비해 확연히 줄어든 학습 시간에 진도를 따라가지 못해 힘들어하는 아이들, 열심히 해도 선행학습을 해온 아이들은 이길 수 없을 것이라 낙담하는 아이들, 과학고가 아닌 인문계 학교를 갔다면 정신 차리고 공부했을 것이라며 우울해하던 아이들, 첫 중간고사를 보고 예상보다 낮게 나온 성적에 과학고에 온 것을 후회한 학생들까지. 하지만 그와 반대로 과학과 연구를 중점으로 하는 학교 분위기가 자신과 잘 맞아 인문계에 갔다면 하지 못했을 많은 것들을 경험하며 성장하고 있는 학생들도 있다.

이 모든 것은 그들의 선택이었고 하나의 초기 조건이라고 할 수 있다. 과학의 길로 들어서 미래에 연구원이 되어 있을 수도 있는 어느 친구가 만약 과학고를 선택하지 않았다면 전혀 다른 삶을 살고 있을 수도 있다. 과학고를 선택했기 때문에 성공한 삶을 살게 될 수도 있고, 이 선택으로 후회하는 삶을 살 수도 있다. 이런 것들이 초기 조건의 민감성이라고 할 수 있고, 선택으로 인해 변화될 삶을 오차라고 할 수 있다.

하지만 계산상 수치의 오류와는 달리 우리의 삶은 우리가 얼마나 노력했느냐에 따라 얼마든지 바뀔 수 있는 것 같다. 지금은 힘들고 자신의 길이 아닌 것 같아 좌절할지라도 발전하기 위해 꾸준히 노력한다면 좋은 결과가 나올 수 있을 것이다.

18
나비효과로 인한 위대한 발견 _이주현

현대에 원자모형이 정립되기까지는 수많은 가설들이 존재했다. 돌턴의 원자모형을 시작으로 전자를 발견한 톰슨의 원자모형(푸딩모형) 원자핵을 발견한 러더퍼드의 원자모형(행성모형) 수소 선 스펙트럼을 수식으로서 증명한 보어의 원자모형까지… 여기서 주목해야 할 것은 바로 보어의 원자모형이다.

현재 알려져 있는 원자모형은 중심에 원자핵을 중심으로 주변에 확률로서 전자들이 분포하고, 주양자수에 따라 s, p, d, f의 전자껍질이 생기고 파울리의 베타원리와 훈트의 법칙에 의해서 전자들이 존재해 있다는 것이다. 그런데 이러한 현재의 원자모형은 보어의 다소 억지스러운 가설로 인해 만들어진 원자모형이 없었더라면 탄생할 수 없었을 수도 있다.

전자가 발견되고 원자핵을 발견하게 된 러더퍼드는 전자가 원자핵 주변을 돌고 있는 원자 모형을 생각하게 되었는데 이 원자 모형이 맞는다면 전자는 돌다가 결국은 원자핵과 충돌해야 하는 상황이 벌어지게 되는 모순이 생긴다. 또한 러더퍼드의 원자 모형은 그 당시 화두가 되었던 수소 선스펙트럼을 설명하지 못했다. 여기서 보어는 반발력과 인력이 같은 안정한 궤도가 존재한다는 가정을 세우고 수소 스펙트럼을 설명해냈다. 물론 가정 자체가 엉뚱한 것이었기 때문에 전자가 2개인 헬륨부터는 이 식이 성립하지 않았다. 즉 보어의 엉뚱한 가정 하나로 인해 우연히 수소 선스펙트럼을 수식으로 증명할 수 있게 되었고, 이것이 현대에 와서 오비탈이라는 개념이 잡힐 수 있도록 해주었던 것이다. 바로 나비효과 즉, 초기치의 민감성이라고 할 수 있다.

이 사례 뿐 아니라 위대한 발견들 중에서는 우연한 일 때문에 일어난 것들이 참 많다. 뉴턴은 사과가 나무에서 떨어지는 것을 보고 중력의 개념을 세우게 되었고, 아르키메데스 또한 욕조에 몸을 담갔을 때 물이 넘치는 것을 보고 부력의 개념을 알아 순금 여부를 알아낼 수 있었다. 이처럼 사소한 것들도 절대 무시할 수 없는 강력한 힘을 갖고 있다는 것을 알 수 있다.

나비 효과라는 개념을 최근에 처음으로 알게 되었는데, 알면 알수록 생각하면 할수록 인생에 있어서 한순간 한순간이 얼마나 중요한지, 나중에 얼마나 큰일을 야기할 수 있는지에 대해 생각하게 되었다.

수학을 돌아보고
다른 것들을 함께 돌아보아
스스로의 즐거움을 더했으면 한다

수학을 많이 아는 것이
무슨 유익이 있을까?

즐길 수 있다면
수학의 본질에 다다른 것이다

프랙탈과 카오스를 통해
아름다움을 느낄 수 있다
세상의 거침을 이해할 수 있다

나와 세상이 함께 움직이는 것을 느낄 수 있다

프랙탈과 카오스로
세상과 소통하다

PART 4

01
수학을 삶에 적용해 보기 _오은석

교육청 심화수업은 수학을 컴퓨터를 이용해 접근해 나가면서 학교에서 칠판으로만 배워왔던 수학에 대한 나의 인식을 바꿔 주는데 크게 도움을 주었다. 컴퓨터를 이용한 학문의 접근을 교육청수업을 통해 약간이나마 맛보았고, 이것은 최근에 시작하게 된 교수님과의 R&E 연구를 통해 그 점을 크게 느꼈다. 연구실에는 계산을 위한 컴퓨터와 분석전용 컴퓨터 등 컴퓨터가 많았다. 어떤 현상을 연구하는데 컴퓨터의 역할이 정말 크다는 사실을 깨닫게 해주었고, 컴퓨터를 통한 분석프로그램에 관심도 가지게 되었다.

또한 프랙탈 생성이나 여러 함수에서 정의역을 확장시키는 작업 등 수학의 확장된 개념에 대한 수업은 문제풀이에 익숙해있던 나를 기본개념과 그와 관련하여 확장된 여러 개념들에 관심을 가지게 해주었다. 그리고 초기치의 민감성이나 카오스이론 같은 수학적 개념을 일상에서 우리의 삶에 유추적용해보는 것은 수학과 현실이 결코 독립된 것이 아님을 깨닫게 해주었다.

02
평생 잊지 못할 추억 _김보배

평소 수학을 좋아하는 나는 흔쾌히 고급수학 수업을 듣겠다고 했다. 하지만 시험 기간 마지막 주에 시험을 보러 가야 했다. 시험을 봐야 하나 말아야 하나 고민 했는데 보길 잘했다. 그때의 선택이 내 삶을 이렇게 바꿔 놓았다.

재미있고 즐거울 것이라고만 생각했던 내 수업이 항상 그렇지만은 않았다. 첫 수업을 하고 나서 머리가 복잡했다. 기존의 개념이 내 머릿속에 존재하는 상태에서 새로운 개념이 들어오니 머리가 혼란스러웠다. 또 엑셀을 잘 모르는 나에게는 어렵고 생소한 수업이었다.

하지만 선생님의 훌륭하신 수업 덕분에 무사히 마칠 수 있었다. 수학에 대한 새로운 것들뿐만 아니라 살아가면서 필요한 것들이나 대학에 진학하는데 도움이 되는 것들도 자세하게 말씀해 주셨다. 이 수업을 통해 나는 평생을 살면서 잊지 못할 추억을 만들었고 다른 사람들은 쉽게 하지 못하는 것을 했다.

수업 중에 가장 기억에 남는 것은 초기치의 민감성 이다. 이 수업을 하면서 뜻은 잘 알지 못하지만 관심 있어 하던 나비효과에 대해 배웠다. 그리고 수업을 하고 난 다음부터 실생활의 예들을 초기치의 민감성에 대입해 보곤 한다.

수학1의 등비수열 단원에서 시어핀스키 삼각형이 나올 때마다 아무

생각 없이 문제를 풀었다. 하지만 이제는 그 삼각형을 보면 반갑고 고급 수학의 내용을 생각하면서 더 쉽게 풀 수 있을 것 같다.

짧다고 하면 짧고 길다고 하면 길다고 느껴지는 수업이 끝이 났다. 뿌듯하기도 하고 아쉽기도 하다. 열심히 고생하고 노력한 만큼 나중에 내가 흘린 땀방울들이 좋은 결실을 맺을 수 있으면 좋겠다.

03
가치관의 정립 _신소이

평소 수학에 대해 문제해결로만 생각하였지, 실생활에 적용해 보거나 다른 관점에서 생각해 본적은 없었다. 그런데 이번 심화수학에서 심층적으로 엑셀을 이용한 프로그래밍을 하면서 수학의 다른 측면에 접근해 보았다. 유한과 무한, 카오스와 프랙탈, 초기치의 민감성, 퍼지이론 등을 배우면서 수학을 바라보는 각도를 달리하게 된 것이다.

유한과 무한에 대해 배웠다.

카오스와 프랙탈에 대해서도 배웠을 때도 새로웠다.

또한 초기치의 민감성에 대해서도 배웠다.

퍼지이론에 대해서도 공부하였다.

이 수업은 나의 가치관을 확고히 하게 해준 내 인생에 하나의 큰 사건이었다. 나는 항상 문제에 대해 친구들과 대화하기를 좋아한다. 그런데 친구들에게 가르쳐주면서 토의하였던 방식을 다른 사람들은 봉사라고 생각하여 항상 칭찬해 주었다. 하지만 나는 그런 행동들을 봉사라고 생각하지 않았다. 이렇게 내가 가르치면서 내게 그 친구들이 더욱 더 많은 지식을 가져다주었기 때문에 오히려 고마운 적이 많다.

그런데 이런 내 생각과 정말 맞는 이론들을 심화수학에서 배우게 되면서 내 가치관이 바르게 정립되었다. 유한과 무한이론에서, 내가 가르치는 행위가 무한한 행위에 속했다. 친구들과 지식을 가르쳐 주는 것이, 그들에게 정보를 빼앗기거나 희생하는 것이 아니라, 공유하는 것이고 소멸되지 않으므로 무한하다는 것이었다. 이렇게 무한한 가치를 사회에 공유하면서 발전시키고, 무한한 가치를 지니는 지식을 아이들에게 가르치고, 무한한 기쁨을 느끼리라 다짐하였다.

심화수학을 하면서 일반계고등학교에서 배우지 못하는 심층적인 부분을 공부하여 좋았지만, 의문이 들었던 나의 가치관을 이론들을 통해서 정리해 나갈 수 있어서 더욱 좋았다. 그리고 가치관이 정립되면서 교사를 향한 나의 꿈을 키워나갔다. 나는 친구들을 가르치는 것에 흥미가 있었고, 지금도 정말 좋아한다. 무한한 가치를 지니는 지식을 다른 사람과 함께 하기 위해서 열심히 내게 주어진 학습을 수행할 것이라는 다짐을 해본다.

04
삶에 연관을 지어보자 _김상연

고급수학을 한지 별로 되지 않았는데 벌써 끝나서 매우 아쉽다. 고급수학은 배울 때마다 새로웠다.

특히 고급수학에서 삶과 수학을 연결시킨 부분이 매우 흥미로웠다. 고급수학을 배우기 전에는 책상에 앉아 열심히 문제 푸는 것이 수학의 전부인 줄 알았는데 고급수학을 이수하면서 수학의 본질적인 의미를 파악하게 되었다. 이번 고급수학 이수의 진정한 의미는 거기에 있는 것 같다.

첫 시간에 유한과 무한의 개념을 배웠는데 첫 시간부터 내가 알고 있던 개념과 달라 혼란을 겪었다. 유한과 무한을 설명해 주시고 삶과 연결시켜주셨는데 수업을 배우고 나서 무한의 마음을 갖자고 내 마음 속으로 다짐했다.

가장 인상 깊었던 내용은 초기치의 민감성에 관련된 내용이었다. 초기치가 조금만 달라져도 결과에는 상당한 영향을 끼치는 것이다. 나비효과도 그 예이다. 이 수업을 듣고 초기치의 중요성을 깨달았고 인간의 삶으로 연장해보면 작은 변화로 인해 엄청난 결과의 차이가 있다는 것을 알게 되었다.

이 밖에도 고급수학에서 복소수, 시어핀스키 삼각형, 만델브로트 집합 등등 새로운 개념과 신기한 것들을 배웠다. 단지 이러한 것들을 이론으로만 접하지 않고 엑셀을 이용해서 직접 만들어보기도 해서 재미있었다. 수학에 관심이 있어 고급수학에 참여하게 되었는데 흥미로운 사실을 알게 되고 재미있어서 좋은 경험을 한 것 같다. 앞으로도 수학 공부를 할 때 고급수학에서 했던 것처럼 직접 삶에 연관 지어보고 공부를 하면 더 도움이 되겠다는 생각이 들었다.

05
수학의 다양한 모습 _홍지수

떨리는 마음으로 수학시험을 보며 꼭 붙었으면 좋겠다고 생각한 때가 어제처럼 생생한데 벌써 끝나게 되어서 아쉬움이 많다.

맨 처음 수업시간에 선생님께서 이야기 해주셨던 유한과 무한 집합이야기는 내가 들었던 수학 이야기 중 가장 최고로 재미있는 이야기였다. 두 물체가 동등한 위치에 있으면 무한이 되는 정의부터 시작하여 이러한 내용을 실생활에 대입시켜 신과 인간의 관계까지 생각해 보는 좋은 계기가 되었다.

시어핀스키 삼각형과 사각형을 배울 때는 모양은 많이 보았지만 이름을 들어보지 못해 처음에는 생소하였지만 배우면서 도형들의 아름다움을 엿보게 되었다.

흔히 '나비효과'라고 알려있는 것이 수학에서는 초기치의 민감성이라고 하는 것도 처음 알게 되었다. 그리고 무작위로 만들어져 어떤 값을 가지게 될 지 예측할 수 없는 수라는 뜻인 난수도 처음 듣게 되었다.

이 수업을 들으면서 학교의 책상 앞에서 배운 약간 지루하다고 할 수 있는 수학이 수학의 전부가 아니다 라는 생각이 들었다. 이 수업을 통해 새로 알게 된 용어도 있었고 기존에 알고 있는 개념들도 다시 생각해 보게 된 계기가 되었던 것 같다. 나는 이 수업이 각 학교에 필요하다고 생각한다. 비록 학교에서는 배워야 할 것이 정해져 있지만 교육 과정 중 심화 수학을 넣어 많은 학생들에게 수학의 다양한 모습을 보여주어야 한다고 생각한다.

06
수학을 통해 세상을 보다 _천은서

심화수학 수업을 처음에 들었을 땐 막연한 두려움이 있었다. 항상 수학을 문제 풀이를 하는 것으로만 생각했기 때문에 얼마나 어려운 개념이 나오고 얼마나 어려운 문제를 풀어야 할까 하는 두려움 말이다. 하지만 처음 심화수학 수업을 들었을 때 나는 수학의 새로운 면을 보게 되었다. 문제 풀이가 아닌 가치관이 될 수 있는 수학의 모습을 말이다.

첫 시간에는 유한과 무한의 개념에 대해 배웠다. 이 개념은 수업이 끝나가는 지금도 잊을 수가 없다. 유한과 무한에 대해 배우기 전까지 나는 유한은 셀 수 있는 집합, 무한은 셀 수 없는 집합이라고만 생각했다. 그러나 무한집합이 전체와 같은 것은 아니지만 대등한 집합이라는 것을 알게 되었다. 이러한 개념은 간단해 보였지만 이것을 실생활에 적용해 보는 것은 참 힘들었고, 문제 풀이식의 수학만 알던 나에게는 정말 충격적인 일이었다.

나는 유한과 무한의 개념을 베니스의 상인 이야기에 적용하여 생각해 보았다. 살 1파운드는 몸 전체에서 볼 때 단지 한 부분일 뿐이라는 점은 유한의 개념으로 보는 것이고, 1파운드는 몸의 한 부분으로 몸 전체와 같지는 않지만 생명과 직결된다는 점에서 몸 전체와 대등한 위치이기 때문에 이것은 무한의 개념으로 보는 것이다.

무한의 개념으로 생각한다면 살 1파운드를 떼어 간다는 것은 사람의 생명을 앗아간다는 의미이기 때문에 재판관은 무한의 개념으로 이 사건을 바라보고 판결한 것이다.

이렇게 무한의 개념은 유한의 개념보다 훨씬 넓다. 더 예를 들자면 선생님께서 수업도중에 말하신 대로 유한의 관점에서 보면 인간은 신의 부분일 뿐이고, 무한의 개념에서 보면 인간은 신은 아니지만 신과 대등한 관계가 될 수 있다. 이것은 종교에서 조금 더 확실히 드러나는데, 기독교에서는 인간을 하느님의 자녀라고 하며 인간이 신의 자식, 즉 신과 대등하게 될 수 있다는 것을 보여준다.

또 불교에서는 인간이 윤회와 생로병사를 벗어나 신과 대등한 위치가 될 수 있다는 것을 보여준다. 이렇게 무한의 개념은 유한의 개념보다 훨씬 더 폭넓고, 긍정적인 개념이다.

무한의 개념은 나누어 주어도 자신의 것은 사라지지 않고 다른 사람에게 나누어지는 것이고, 유한의 개념에서는 나누어 주면 자신의 것은 사라지는 것이라고 한다. 이렇게 보면 무한의 개념을 생각하는 것이 다른 사람에게 더욱 베풀 수 있다는 사실을 알 수 있다. 나는 이런 사실을 알고 무한의 개념으로 세상을 바라보아야겠다고 결심했다.

이렇듯이 나는 심화수학 수업을 들으면서 수학을 하나의 세상을 보는 관점으로 더 확장하여 생각하게 되었고 이것은 앞으로 내가 살아가면서 가질 가치관이 되고 나의 삶의 일부가 될 것이라고 생각한다. 나에게 수학을 이런 의미로 만들어준 심화수학 수업을 들을 수 있는 기회를 얻은 것이 너무 기쁘고 이 수업이 오래 기억 될 것이라고 믿는다.

07
아이의 미래를 열어주는 교사 _김동현

고급수학을시작한지 벌써 3개월이 다되어 간다.

처음 이 수업을 들을 때는 원래 학교에서 듣던 수학 수업과 너무나도 달랐다. 이 수업을 듣기 전에 수학에 대한 나의 생각이 단순히 어떤 한 개념을 배우고, 그 개념을 사용하여 문제를 푸는 학문이었다면 지금은 수학이 나 자신 스스로 탐구하고, 연구하고, 또한 나의 삶을 돌아보는 학문이라고 생각한다.

무한은 전체가 부분이 대등할 때라고 한다. 또한 무한은 아무리 주어도 줄어들지가 않는다. 그러한 점에서 교사라는 점에서 봤을 때, 교사가 가져야 하는 것은 무한과 같은 의지라고 생각했다. 지식은 아무리 다른 사람에게 주어도 자기 자신의 지식이 없어지지 않는 것처럼 말이다.

퍼지집합은 나에게 다양한 수용의 가능성을 열어주었다. 내가 일반적으로 생각하던 집합의 개념은 단순히 집합을 나누는 기준이 명확할 때라고 생각 했었다. 그러나 퍼지집합은 그 기준이 명확하지 않더라도 집합이 될 수 있다.

즉, 기준에 얼마만큼 부합하는지 귀속도에 따라 집합이 나뉜다. 이러한 점에서 명확하지 않는 기준이라도 집합이 될 수 있다. 어떤 사람이든 완벽한 사람은 없다. 그러므로 우리들은 퍼지 집합이 될 수 있지 않을까? 이러한 집합을 인정함으로써 퍼지집합은 우리 자신이 존재를 인정하고, 부족함을 인정함으로써 우리에게 다양한 수용의 가능성을 열어주었다.

수학을 통해 아름다움도 느낄 수 있었다. 수학을 통해 테셀레이션도 만들고, 수학을 통해 일정한 규칙성도 봄으로써 일정한 규칙이 가지는 아름다움도 볼 수 있었다.

또한 내가 교과서에서 손으로 오프라인 상에서 할 수 없었던, $y=x^a(x<0)$, $y=x^x$, $y=a^x(a<0)$ 등을 직접 해보고, 그래프를 분석해 봄으로써 이를 연구하여 글로 써 보기도하였다.

초기치의 민감성과 카오스를 통해 나의 삶을 반성하고, 또한 앞으로의 삶의 방향성을 잡을 수 있었다. 초기치의 민감성을 통해서는 내가 한번 잘못 하면 그 잘못한 일이 매우 크게 다가 올 수 있다는 카오스적인 생각에 매번 최선을 다하는 삶을 살아야겠다는 생각을 하였고, 카오스를 통해 많은 친구들이 가능성을 가지고 있음에도 불구하고, 공부를 포기하고, 심지어 목숨까지도 포기하는 이 현실에 대해 생각해 보았다.

만약 이 친구들이 이런 카오스적인 생각을 가지고 자신은 무한한 가능성이 있다는 생각을 했다면 그러한 일들은 일어나지 않았을 것이다. 또한 내가 교사가 된 후에 이러한 친구들을 잘못된 방향으로 가지 않도록 지도하고, 또한 그 아이의 미래를 열어주는 그러한 교사가 되어야겠다고 생각했다.

3개월간의 기나긴 여정이 끝났다. 3개월 동안 매주 주말마다 청주시의 끝과 끝인 율량동에 산남동까지 나를 데려다 주신 누님과 부모님께도 감사하고, 비록 이렇게 힘들었지만 많은 것을 깨달을 수 있었단 점에서 이 고급수학에 들인 이 시간들은 절대 아깝지 않다. 또한 내가 후에 수학을 전공 할 때 많은 도움이 될 것이다.

08
만들어 가는 수학 _신형섭

고급 수학반에 선발된 후 고급수학에서 배우는 내용이 학교교과과정에서 배우는 수학이 아니라, 처음보고, 처음 들어보는 내용에 대한 부분이라는 것에 대해 알게 된 후 문과인 나에게 아무 필요 없는 걸 하게 되었다고 후회했었다.

하지만 실제로 고급수학 수업을 들으면서 그러한 생각이 사라지고 '수학은 신기하고 재밌는 것이다'라는 생각을 하게 되었다.

카오스를 복소수까지 확장시켜 만든 만델브로트 집합을 통해 수의 아름다움과 심오함을 소름이 돋을 정도로 느꼈고, 시어핀스키 삼각형을 직접 그리며 즐거움을 느끼기도 하였다.

'종이와 펜을 가지고 딱딱하고 어려운 수학문제를 푼다.'라는 기존의 수학에 대한 생각에서 벗어나 수학이 컴퓨터를 이용하는 쉽고 즐겁고 재미있는 것이라는 생각을 가지게 되었다.

그러나 무엇보다도 이 고급수학 수업이 나에게 진정으로 도움을 주게 된 것은 바로 바람직한 인격에 대해 생각해볼 수 있도록 한 것이다.

수업 첫 시간에 들었던 '유한과 무한'의 무한집합은 그 부분집합과 대등하다'라는 개념을 통해 나보다 못한 사람들도 결국 나와 대등하다는 것을 느꼈다.

'영희는 0.7만큼 예쁘다'라고 나타낼 수 있게 하는 퍼지집합을 통해 기존의 경직된 이분법적 사고에서 탈피하여 다른 사람, 다른 사물, 다른 사상들을 너그럽게 볼 수 있는 안목을 가지게 되었으며, 변화의 속도가 빨라지고 있는 현재에 꼭 필요한 융통성에 대해 깨닫게 되었다.

어떠한 연산을 해도 초기 값이 나오게 하는 항등원에 대해 배우고 난 후 다른 사람들을 그대로 받아들이고 이해하는 태도에 대해 생각해보기도 하였다.

이렇게 고급수학 수업을 통해 교과서, 문제집에 있는 문제에 '끌려가는' 수학이 아닌 내가 직접 '만들어가는' 수학을 공부하게 되어 기쁘다.

09
나의 삶을 개척하기 _김기용

고급수학이라는 동아리에서 활동하면서 나는 수학의 아름다움을 느낄 수 있었던 것 같다. 이 동아리에 참여하기 전에 봤던 수학과 관련된 책 중에 수학자와 대화하는 형식으로 구성된 책이 있었다. 그 책에 등장한 수학자가 '수학은 참 아름답다.'라고 말한 구절이 있었다. 그 구절을 읽으면서 '수학이 뭐가 아름다워. 어렵기만 하지….'라는 생각이 들었다. 하지만 이 동아리에서 활동하면서 수학이 단지 숫자 계산에 불과한 것이 아니라 수학에 대한 개념을 이해함으로써 인간의 삶과도 적용 시킬 수 있다는 걸 깨달았다.

그렇게 적용시켜본 개념들 중 대표적인 것에는 '유한과 무한', '퍼지이론', '항등원' 등이 있었다. 첫 번째로 유한과 무한이라는 개념은 '유한은 부분을 버리게 되면 전체에서 잃어버리는 것, 즉 부분이 전체에 비해 작은 것을 의미하고 무한은 전체에서 부분을 빼낸다고 하더라도 전체가 남아있는 것, 즉 부분과 전체가 동등한 것'이라고 했다.

그래서 나도 소소한 것이지만 내가 아는 것을 친구에게 알려주는 것과 같은 무한적인 마음을 갖겠다고 말했다.

두 번째로 '퍼지 이론'이라는 개념은 '애매하고 불분명한 상황에서 여러 문제들을 주관적인 결정에 따라 판단하려는 것'이라고 했다. 따라서 여기서는 이해한다는 관점에서 이야기를 했다. '친구가 늦었을 때에도 이해를 하면서 관용을 베푸는 것이 퍼지 이론적인 것이며, 나도 그렇게 행동하겠다.'라고 말했다. 세 번째로 '항등원'이라는 개념에서도 퍼지 이론과 같이 관용적인 태도와 적용시켜서 말했다.

이 동아리 활동에서는 내 진로에 대해서도 생각해 볼 수 있는 시간도 있었다. 대표적인 예로 '카오스의 특징—초기치의 민감성'이라는 부분에서, 나는 내가 내 꿈을 이루었을 때 교사가 되어 학생들에게 모범적인 초기치가 되려고 노력해야겠다는 생각을 갖게 되었다. 나에게 영향을 준 초기치와 같은 친구들도 생각해 보기도 했었다.

고급수학이라는 동아리는 단지 수학만을 알려준 것은 아니었다. 나의 과거, 현재의 상황 그리고 미래의 다짐까지 할 수 있게 해주었다. 이런 체험활동을 통해 '친구들과 대화를 하거나 활동을 할 때 친구를 이해하겠다.'라는 등의 다짐을 하면서 나는 내가 조금 더 정신적으로 성숙해졌다는 것을 느꼈고 또한 앞으로 나의 삶을 어떻게 개척할 것인지 또한 깨달을 수 있었다. 정말 뿌듯하고 좋은 경험이었다.

10
인생수업 시간 _김나형

고급수학을 배우기 전에는 수학을 좋아했지만 왜 하는지에 대해서는 항상 의문이었다. 복잡한 숫자와 기호들로 어려운 문제를 만들고 푸는

데서 쾌감과 뿌듯함을 느끼는 것이 수학이라고 생각했었다. 하지만 고급수학에서 수학자들의 이야기와 이론을 만든 배경과 그 결과로써의 수식을 본 뒤로는, 수학에 철학이 담겨있고 수학자의 고뇌와 인생관이 담겨 있어 그 자체로 살아 숨쉰다는 것을 느꼈다. 수식이 살아있는 것처럼 다가왔던 것은 고급수학시간이 처음이었다.

고급수학 시간에는 유한과 무한, 퍼지집합, 프랙탈과 카오스에 대해서 배웠다. 완전하게 다 배운 것은 아니었지만 일부만으로도 큰 흥미와 관심을 불러일으키는 내용들이었다. 유한과 무한 수업시간에는 하나의 인생관에 대해서 배운 것 같았다. 한 명이라도, 한 부분일지라도 전체를 대하듯이 하라는 무한의 자세는 삶의 귀감이 될 만한 교훈을 주었다.

살면서 항상 무한의 마음으로 문제를 해결해야겠다는 생각이 계속해서 들었다.

퍼지이론을 배우고 나서는 흑백사이의 수많은 회색과 상정하는 현실에 맞는 수학을 배웠다는 생각이 들었다. 이분법적인 사고에서 벗어나 귀속도를 통해 정도를 표현한다는 것에서 수학에 대한 편견을 깨게 했다. 그 외에도 카오스의 성질 중 초기치의 민감성이 인상적이었다.

평소 나비효과라고 일컫는 현상이 수학에 이미 있었다는 것이 정말 신기했다. 초기치가 약간이라도 변화하면 결과가 크게 달라진다는 내용은 행동 하나하나라도 신중함을 다해야 함을 명심하게 했다.

고급수학 프랙탈과 카오스 수업을 마치고 나서 나 자신에게 변화가 생긴 것 같다. 고급수학 시간들은 수학수업이 아니라 인생수업 시간이었다고 말하고 싶다. 우리에게 수학이 딱딱한 것만이 아닌 우리에게 뭔가를 일깨워주는 학문이라고 느끼게 해준 선생님께 감사하고 배운 것들을 잊지 않고 실천하면서 더 큰 사람으로 성장할 것이다.

11
항등원에서 배우는 삶 _김헌수

평소엔 수학이라는 것에 대해서 문제풀이의 수단으로만 생각했지, 다른 의미로는 생각해보지 않았다. 그런데 고급수학이라는 수업에서 항등원, 무한과 유한, 초기치의 민감성, 퍼지이론, 프랙탈 등을 들으면서 수학에 대한 다른 관점을 보게 되었다.

항등원은 어떤 값이 오면 다시 그 값이 나오게 하는 수이다. 예를 들면 '3+0=3'의 식에서 볼 때 0은 3이 왔을 때 3을 나오게 하는 수이므로 항등원이라 한다. 이런 특성을 볼 때 항등원은 모든 것을 다 받아들여준다고 볼 수 있다. 마치 사람들이 서로 이해해 주는 모습이 떠오른다. 이런 항등원의 모습을 보고 내가 여태껏 사람들에게 어떻게 대했나, 또 항등원을 닮아가야겠다고 반성해보게 되었다. 앞으로는 나도 사람들을 이해해주고 포용해주는 모습으로 살아가야겠다.

무한과 유한에 대해 공부했을 때도 새로운 생각이 들었다. 유한집합이란 집합 A가 집합 B의 진부분집합일 때, 집합 A의 원소의 개수가 집합 B의 원소의 개수 보다 작은 경우이다. 무한집합이란 집합 A가 집합

B의 진부분집합일 때, 집합 A의 원소의 개수가 집합 B의 원소의 개수가 대등한 경우이다. 부분과 전체에 대한 것을 볼 때 유한의 관점에서 보면 부분은 그저 전체에 속하기만 할 뿐 전체에 영향을 끼치진 않는다.

무한은 전체와 부분은 대등이 연결되어 있어 부분이 전체에 영향을 끼친다고 본다. 이와 같은 점에서 유한은 개인으로써 살아가지만 무한은 전체에 영향을 끼치는 삶을 산다. 예를 들면 유한은 자기 혼자만 이익을 누리지만 무한은 모두가 이익을 누리게끔 행동한다. 이런 점에서 볼 때 나도 무한처럼 전체에 이익을 줄 수 있는 삶을 살아야겠다는 생각을 했다.

또 초기치의 민감성이라는 것도 공부했다. 초기치의 민감성이란 초기의 작은 변화가 큰 변화를 일으킨다는 카오스의 특징 중 하나이다. 이는 사소한 행동 하나라도 큰 영향을 끼칠 수 있다는 내용이다. 내가 여태껏 해온 사소한 행동들도 다른 사람들에게 큰 영향을 미쳤을 수도 있다. 예를 들어 내가 장난삼아 친구에게 못생겼다고 놀리면 나에게는 장난이었지만 그 친구에게는 그것이 앙금이 되어 부정적인 결과가 나올 수도 있다. 나중에 나에게 복수를 꿈꾸며 살아갈 수도 있다. 따라서 나는 행동 하나하나를 조심히 하고, 좋은 일만 하도록 노력해야겠다.

보통의 집합들은 참과 거짓이 분명한 것들이다. 하지만 참과 거짓보다는 불분명한 것들이 더 많다. 이런 불분명한 것들을 포함하기 위해 집합이 만들어졌는데 그것이 퍼지집합이다. 세상에는 참과 거짓을 구분하기 힘든 애매모호한 상황이 많이 일어난다. 이런 상황에서 참과 거짓만 판별할 수 있는 집합의 생각만을 가진다면 문제를 명확히 해결할 수가 없다. 하지만 퍼지적인 능력을 가진다면 이러한 상황들도 올바른 판단력을 갖고 명확히 해결하게 될 것이다. 나도 이런 능력을 기르도록 할 것이다. 또 프랙탈이란 자기 닮은 도형이 계속 반복해서 나오는 도형들인데 이러한 도형을 보면 수학의 아름다움을 느낄 수 있다. 마치 미술 작품을 보는 듯하다.

이 수업을 통해 마음을 수양하고 삶을 되돌아보는 계기를 가진 것 같다. 또 수학이 이런 면을 가졌다는 사실에 놀랐다. 수학으로 우리 삶을 보여주고 교훈을 줄 수 있다는 것에 '수학을 이런 관점으로도 볼 수 있구나'하고 생각해 보았다. 앞으로도 이런 수학을 생각해보며 나 자신을 반성해 보는 시간을 갖도록 해야겠다.

12

말도 안되는 수학 _홍승택

어느덧 수학 강의가 끝나가는 날… 지금까지 나는 일반 상식으로는 말도 안되는 수학을 배워왔다. 수학이란 정량적인 것으로 생각해왔다. 그러나 강의 첫날, 카오스란 무엇인가?

친구가 생각하는 것과 내가 생각하는 것에는 차이가 있듯이, 수학도 각기 나뉘어져서 서로 다른 생각을 가지고 자기 나름의 생각을 전개시켜 나가는 것 같다. 이곳에 와서 내가 전에는 알지 못한 수준의 수학을 배웠는데 유한과 무한, 초기치의 민감성과 카오스 이론, 그리고 그것을 확인해보는 카오스 게임, 또 카오스 게임으로 탄생되는 시어핀스키 삼각형, 마지막으로 만델브로트 집합과 복소수평면에서의 만델브로트 집합을 배웠다.

이런 것들을 수학적으로만 파고 들어간다면 어느 정도 이해가 갈 것이다. 아무리 어렵더라도 학습을 통해 이해가 갈 수 있기 때문이다. 그러나 수학적인 수준에 그치는 것이 아니다.

예를 들어, 유한과 무한을 살펴보면, 유한은 부분이 전체에 종속되어 있을 때, 즉 부분이 전체에 포함될 때 쓰는 용어이다. 반대로 무한은 부분이 전체와 대등할 때, 즉 짝수의 집합(부분)은 자연수의 집합(전체)과 1:1 대응으로 계속 이어나갈 수 있으므로 대등하다고 표현한다.

유한은 그렇다 해도 무한은 그 자체가 철학적인 것이라 일반철학과 결부시킬 수 있다.

만약, 이 세상에 조물주가 있다면, 유한의 관점으로 보면 우리 개개인은 조물주에 다다를 수가 없다. 즉 우리는 조물주에 대해 '종속'되어 있다고 말한다. 그러나 무한의 관점으로 보면 어떤가? 그 관점으로 볼 때, 모든 개개인은 조물주와 대등하다고 생각한다. 인내천 사상이 그러하듯이. 또 하나 예로, 초기값의 민감성을 살펴보면, 이 말은 즉 한 사건이 나중에 가서 결과에 매우 큰 영향을 주는 것을 설명한다. $f(x_{n+1}) = ax_n(1-x_n)$을 살펴보아도 된다.

이제 a 값을 0.1, 0.3 , 0.5, 0.7, 1 차이 날 정도로 미세하게 바꿔본다. 그리고서 그래프를 보면 그 차이가 눈에 확 들어올 정도로 심하다. 이렇듯 하나가 초기값에 민감하게 반응한다는 것을 말한다. 나는 이러한 상황을 이미 주변에서 듣고 겪고 있다. 친구들 간의 미세한 감정이 나중에 가선 싸움으로, 악화되면 친구관계가 끝이 날 수도 있다. 또한 담배꽁초 하나가 엄청난 산불을 일으킨다.

이 수학을 배우느라 정말로 어려웠던 건 사실이었다. 하지만 학교에서 성실히 한대로 이곳에서도 성실히 했다. 학교에서 배운 수학내용이 정말로 이곳에 와서 수학을 이해하는데 도움을 주었다. 이곳에서 이해가 안간 부분을 학교 선생님의 말씀을 들어 해결한 것도 그렇다. 예를 들어 무한을 배우는데 추상적인 부분이 많아서 어려웠는데 선생님이 설명해주신 무한수열의 수렴과 발산 부분을 듣고, 전에 이곳에서 배운 내용을 상기해 가면서 "아, 전에 그 말이 이런 뜻이었구나."했던 생각이 기억에 남는다.

13
더 성숙해진 나 _전세영

처음에 고급수학을 접했을 때는 이건 도대체 어디에 적용할 수 있지?, 이런 걸 배울 필요가 있을까? 하는 생각들이 먼저 들었다. 평소 학교에서는 수의 기본을 배우는 과정이기 때문에 흔히 배울 수 없는, 여태껏 한 번도 듣도 보도 못한 그런 학문의 수학을 접했다.

그러나 막상 수업을 접해보니 이건 실생활 속에서 나오고 실생활 속에 적용이 된다는 것을 느꼈다. 만델브로트 집합, 카오스이론, 프랙탈 이론 등을 배우면서 수에 대한 관심이 더욱 더 생기고, 더욱 더 쉽게 다가왔다.

예를 들어 카오스 이론을 배울 때의 초기치의 민감성을 배울 때 브라질에 있는 나비의 날갯짓이 텍사스에서는 토네이도가 될 수 있다는 내용의 이론이다. 이것처럼 어떤 것이든 처음의 값이 달라질 경우에 그 결과를 예측하기 어렵다는 것이다. 사람도 마찬가지라고 생각한다. 시작은 비록 좋지 않지만, 나중에는 누구도 알 수 없다는 것이다.

그러므로 사람을 현재의 모습으로만 평가하거나 쉽게 평가를 해서는 안된다는 것이다. 유한과 무한을 배울 때 부분과 전체를 나눈다면 유한이 되고 부분을 전체로 본다면 무한이 되는 경우를 보자. 사람을 단지 인간의 부분으로만 본다면 모든 사람을 존중할 수 없게 된다.

그러나 무한의 관점에서 보면 나 혼자일지라고 내가 인간의 전체가 되는 것이다. 이 경우는 모두가 존중 받을 수 있게 된다.

이 고급수학을 배움으로써 위에 것들을 잘 이해하고, 많은 것을 깨닫게 되었다. 지금 주말의 시간이 아깝다고 느낀 적이 없지는 않지만, 깨달은 것이 많은 만큼, 나는 더욱 성숙해지는 것을 느낀다. 앞으로 남은 수업을 잘 들어야겠다.

융합교육 시리즈 ②

수학에서 느끼는 삶의 지혜

2014년 4월 30일 초판 발행
2023년 8월 10일 초판 1쇄 발행

엮은이 / 안대영
발행인 / 오판근
발행처 / 교우사

주 소 / 서울특별시 동대문구 약령시로 8 교우빌딩 2층
전 화 / 925-2861~2, 편집부 / 925-2825
팩 스 / 070-7966-8610

E-mail / kyowoo@kyowoo.co.kr
http://www.kyowoo.co.kr

등록 / 1994. 3. 24 제6-0256호

ISBN 979-11-251-0029-4 (04410)
979-11-251-0028-7 (세트)

값 18,000원